はじめて使う 弥生会計 17

スタンダード&プロフェッショナル対応

株式会社スリーエス
嶋田 知子 著

税理士
前原 東二 監修

C&R研究所

■権利について

● 弥生会計は、弥生株式会社の登録商標です。

● 本書に記述されている製品名は、一般に各メーカーの商標または登録商標です。
なお、本書では™、©、®は割愛しています。

■本書の内容について

● 本書は著者・編集者が実際に操作した結果を慎重に検討し、著述・編集しています。ただし、本書の記述内容に関わる運用結果にまつわるあらゆる損害・障害につきましては、一切の責任を負いませんのであらかじめご了承ください。

● 本書で紹介している各操作の画面は、Windows 10（日本語版）と弥生会計 17 プロフェッショナルを基本にしています。他のOSやバージョンをお使いの環境では、画面のデザインや操作が異なる場合がございますので、あらかじめご了承ください。

● 本書で紹介している各操作および画面は、書籍制作時（2016年10月）の情報をもとにしているため、実際の弥生会計 17（製品版や体験版）と操作方法や画面が異なっている場合があります。また、今後、弥生株式会社から提供されるアップデートなどにより、画面の内容や操作方法が変更になる場合もあります。あらかじめご了承ください。

■練習問題について

● 本書の付録には、弥生会計による会計作業に慣れるための、実務に近い実践的な練習問題と、その解答例が用意されています。

● サンプルデータの動作などについては、著者・編集者が慎重に確認しております。ただし、サンプルデータの運用結果にまつわるあらゆる損害・障害につきましては、一切の責任を負いませんのであらかじめご了承ください。

● サンプルデータの著作権は、著者である株式会社スリーエスが所有します。許可なく配布・販売することは固く禁止します。

● 練習問題の解答例を、弥生会計のデータとしてダウンロードすることもできます。詳細は、347ページを参照してください。

●本書の内容についてのお問い合わせについて

　この度はC&R研究所の書籍をお買いあげいただきましてありがとうございます。本書の内容に関するお問い合わせは、「書名」「該当するページ番号」「返信先」を必ず明記の上、C&R研究所のホームページ（http://www.c-r.com/）の右上の「お問い合わせ」をクリックし、専用フォームからお送りいただくか、FAXまたは郵送で次の宛先までお送りください。お電話でのお問い合わせや本書の内容とは直接的に関係のない事柄に関するご質問にはお答えできませんので、あらかじめご了承ください。

〒950-3122 新潟県新潟市北区西名目所4083-6　株式会社 C&R研究所　編集部
FAX 025-258-2801
『はじめて使う 弥生会計17』サポート係

はじめに

「はじめて使う 弥生会計」は08バージョンから発売となり、今年の17バージョンで10冊目となります。

私がはじめて弥生会計に触れたのは15年以上前になりますが、その当時はまだ、よく「手書きはやめて会計ソフトを導入してみませんか?」とお客様にお勧めしていた気がします。今は「手書き処理から会計ソフトの利用へ」という波は、もう一巡した感があります。最近の傾向として、ソフトを持たずにインターネット上のシステムを利用する「クラウド」サービスがどんどん進歩して「ソフトを買ってインストール」するよりも、ソフトを買わずに「インターネット経由で利用料を払って使う」形態がずいぶん増えてきています。また、金融(ファイナンス)とテクノロジー(IT)を融合させた新しい「Fintech(フィンテック)」技術や、取り込んだ仕訳から勘定科目等を判断する「AI(人工知能)」技術など、新しい技術やサービスが急速に進んできています。

弥生会計でも、オンライン版の発売に加え、インターンネットバンキングのデータやスキャナーで取り込んだ画像データなどを自動で仕訳に変換する「スマート取引取込」機能が拡充され、フィンテックやAIの技術を取り入れています。そのうち、会計ソフトへのデータ入力は人の手を介さずに、どんどん自動化される方向になるのかもしれませんね。

ただ、そうなったとしてもやはり最後にチェックするのは人の「アナログの目」でもあります。本書では、初めて弥生会計をお使いいただく方が、弥生会計の操作方法だけでなく実務面でもご参考にしていただけるように、随所に税理士のアドバイスを織り交ぜております。効率的な会計処理のお役にたてるとうれしく思います。

10冊目の改訂版にあたり、毎年ぎりぎりまで細かく原稿をチェックしてくださる弥生株式会社の金光主任、株式会社C&R研究所の池田社長、西方主任、株式会社スリーエスの前原代表、長谷川常務をはじめ、ソリューション事業部の皆様、執筆に関して多大なご協力をいただきありがとうございます。この場をお借りしまして厚く御礼申し上げます。

平成28年10月

株式会社スリーエス

嶋田知子

本書の読み方・特徴

本書の特徴と各ページのレイアウトは、次のようになっています。

特徴1
フルカラーで大きな画面
操作方法がわかりやすいように、全ページフルカラーで、大きな画面で解説しています。

特徴2
丁寧な操作解説
1クリックごと、1画面ごとに説明しているので、初心者でも迷わずに操作できます。

特徴4
理解を助ける税理士の一言アドバイス
操作の随所で、アドバイスを行っています。

「はじめて使う 弥生会計17 読者のひろば」のページについて

C&R研究所のホームページには、「はじめて使う 弥生会計17 読者のひろば」のページが用意されています。このページでは、本書の336～346ページに掲載している練習問題の解答・解説データをダウンロードしたり、サポート情報を確認したりすることができます。

■ はじめて使う 弥生会計17 読者のひろば ■
URL http://www.c-r.com/reader/yayoi17.html

特徴3
対応グレードが一目でわかる
スタンダードとプロフェッショナルの対応状況をマークで表しています。マークが薄い色になっているグレードのソフトは、対応していないことを表しています。

● スタンダードに対応していない場合
[スタンダード] [プロフェッショナル]

ONE POINT　サンプルデータを開いて勉強してみる

弥生会計をインストールすると、サンプルの「事業所データ」が自動的にパソコン内にインストールされます。サンプルは、「株式会社　弥生トレーディング（法人）」と「文具事務機の弥生商店（個人）」というデータが用意されています。この「事業所データ」を開いて中身を見ることで、入力例を参考にしたり、入力練習用に使用することができます。

サンプルを開くには、デスクトップの[弥生マイポータル]アイコンをダブルクリックし、製品別メニューの弥生会計より、[ツールとマニュアル]アイコンをクリックして、[サンプルデータ]フォルダ内の[サンプルデータ（個人）]か[サンプルデータ（法人）]をダブルクリックします。[バックアップファイルの復元]ダイアログボックスが表示されるので、復元先を指定し、[復元]ボタンをクリックします。

特徴5
かゆいところに手が届く ワンポイント解説
テクニック的な説明や、プラスアルファの情報をわかりやすく解説しています。

税理士からのコメント　消費税を意識した会計処理を行うことが大切

今の会計ソフトはとてもよくできていて、消費税申告書まで作成できるものが多くなっています。もちろん弥生会計でも消費税申告書作成機能が付いています。申告書そのものを作成する操作は非常に簡単ですが、問題はそこではなく「日常の会計処理」です。

仕訳データ入力の際に、消費税がかかる取引なのか、かからない取引なのかを区分し、また簡易課税方式を選択している場合は、売上事業区分ごとに売上取引を区分して入力することが大切なのです。また、消費税率が変更になった場合、長期請負契約や継続取引など一定の条件のもと、旧税率を適用する経過措置が講じられるものがあるため、内容によって旧税率と新税率の取引が混在するものがあり、税率での区分も必要です。消費税と聞くと「難しい」というイメージがありますが、日常処理に関していえば、前述のような点を注意しながら取引内容に応じきちんと区分した入力ができればそれほど複雑ではありません。わからないことがあればどんどん税理士や税務署に確認しましょう。

特徴6
実践的で役に立つ 税理士からのコメント
税理士の先生による、具体的・実践的な情報を掲載しています。

税理士からのコメント　補助科目の上手な運用

勘定科目の内訳を管理する「補助科目」は、設定しておくと、入力した取引を後から集計したり確認するのに役立ちます。「弥生会計 17 プロフェッショナル」や「弥生会計 17 ネットワーク」では「勘定科目の内訳書（法人のみ）」に補助科目ごとの残高を取り込める科目があります。よく見かける例としては、「預金科目」「売掛金」「買掛金」「未払金」「未払費用」「預り金」などに設定するケースがあります。

販売管理ソフトなどで「売掛金」や「買掛金」の管理を行っているような場合は、会計ソフトでは補助科目は必要ないかもしれませんが、内訳を管理したい科目や、後から集計して傾向を確認したい項目については、補助科目を設定しておくとよいでしょう。また、消費税の税区分や税計算区分を補助科目ごとに分けて設定することもできますので、特に原則課税（本則課税）で計算する場合は便利です。

最新情報について

本書の記述内容において、内容の間違い・誤植・最新情報の発生などがあった場合は、「C&R研究所のホームページ」にて、その情報をいち早くお知らせします。

URL　http://www.c-r.com　（C&R研究所のホームページ）

もくじ

はじめて使う 弥生会計17 スタンダード&プロフェッショナル対応

第1章 あらかじめ知っておきたい基礎知識

01 経理担当者はどんな仕事をしているの? ……………………… 16
- 取引で発生したお金を管理・記録する ……………………………… 16
- 現金や預金の入出金を管理する ……………………………………… 16
- 会社の経営成績と財政状態を報告書にまとめる …………………… 17
- 管理会計の作業を行う ………………………………………………… 17

02 「会計ソフト」って何? ……………………………………… 18
- どうして会計ソフトを利用するの? ………………………………… 18
- 転記や計算作業をしなくても集計資料がリアルタイムで作成できる ……… 18
  会計ソフトの中で一番売れているのが「弥生会計」

03 「弥生会計 17」はどんなソフトなの? ……………………… 19
- 「弥生会計 17」とは ………………………………………………… 19
- 【特徴1】アイコン表示でわかりやすい「クイックナビゲータ」が操作の入り口 ……… 19
- 【特徴2】複式簿記がわからなくても簡単に入力できる画面が用意されている ……… 20
- 【特徴3】最新の法令に対応している ……………………………… 20
- 【特徴4】スマート取引取込機能で仕訳を自動作成することができる ……… 21
  「弥生会計」には「デスクトップアプリ」と「クラウドアプリ」がある

04 簿記の基礎を知っておこう ………………………………… 22
- 簿記には「単式簿記」と「複式簿記」がある ……………………… 22
- 簿記の5要素と勘定科目について …………………………………… 23
- 仕訳とは ……………………………………………………………… 24
  勘定科目の使い分け／「借方」と「貸方」の左右の覚え方
- 帳簿への転記と試算表の作成 ……………………………………… 28
  「弥生オンライン」シリーズについて

第2章 「弥生会計 17」をパソコンで使う準備をしよう

05 使っているパソコンで「弥生会計 17」を利用できるかどうかを確認しよう … 32
- 「弥生会計 17」を利用するために最低限必要なパソコンの性能 ……… 32
- **05-1** OSとメモリ容量を確認する ……………………………… 33
- **05-2** パソコン画面(ディスプレイ)の設定を確認する ……… 34
- **05-3** ハードディスクの空き容量を調べる …………………… 35
  マウスの基本的な使い方／日本語の入力と半角英数字の入力について

06 「弥生会計 17」をパソコンにインストールしよう ……… 37
- **06-1** 「弥生会計 17 プロフェッショナル」をインストールする … 37
  「弥生会計 17」のDVD-ROMを入れてもインストール用画面が表示されないときは
  弥生IDを登録しよう

07 「弥生会計 17」の体験版について ……………………… 41
- 体験版の特徴 ………………………………………………………… 41
- 体験版をダウンロードして利用する際の注意点 ………………… 41

- ●「弥生会計 17」の体験版の入手方法 ······················· 42
- ●「弥生会計 17」の体験版をインストールする方法 ················ 42
  1つのライセンスで運用できるのはパソコン1台分

第3章　導入時の初期設定を行おう

08 「弥生会計 17」の初期設定の手順を確認しよう ············· 44
- ●「弥生会計 17」の初期設定を行うための手順 ················· 44

09 「弥生会計 17」を起動しよう ························· 45
- **09-1** 「弥生会計 17」の起動 ························· 45
  アプリから起動する方法
- **09-2** ライセンス認証を行う ························· 46
  「弥生マイポータル」について／ライセンス認証ができない場合／ライセンス認証の解除方法

10 「弥生会計 17」の入力環境を設定してみよう ············· 50
- **10-1** 環境設定の開始 ························· 50
  「クイックナビゲータ」の画面について／勘定科目の選び方を指定する「サーチキー」の設定について

11 会計データの保存場所となる「事業所データ」ファイルを作ろう ······· 54
- **11-1** 法人の場合の事業所データの新規作成 ··············· 54
- **11-2** 個人事業主の場合の事業所データの新規作成 ··········· 58
  個人事業主の業種の選択／勘定科目オプションの設定

12 消費税の情報を設定しよう ························· 63
- **12-1** 消費税の処理を設定する ························· 63
  消費税の法令対応について／税込経理と税抜経理について

13 事業所設定と消費税設定を変更してみよう ··············· 66
- **13-1** 事業所設定を変更する ························· 66
- **13-2** 消費税設定を変更する ························· 67

14 弥生会計の基本画面（クイックナビゲータ）の使い方を覚えておこう ······· 68
- ● 弥生会計の画面構成とクイックナビゲータの機能を知る ········· 68

15 「得意先 銀行等の設定」を使って勘定科目や
補助科目の最初の残高を設定しよう ······ 69
- ● まずは設定前に注意点を確認しよう ················· 69
- **15-1** 勘定科目や補助科目を設定しよう ················· 69
  「得意先 銀行等の設定」で入力した金額はどこに表示されているのか

16 勘定科目と補助科目を設定しよう ··················· 74
- ● 準備する資料 ························· 74
- ● 弥生会計で自動設定された勘定科目の確認 ··············· 74
- ● 弥生会計の勘定科目体系はこうなっている ··············· 76
  導入設定が難しいと感じたらガイドパネルを参考にする
  データテンプレートを利用して事業所データを新規に作成する／勘定科目の初期設定の内容
- **16-1** 勘定科目を新規に追加登録する ················· 77
  その他の設定について／項目移動の際の注意点
- ● 補助科目の登録 ························· 80
- **16-2** 補助科目を追加する ························· 81

もくじ

17 科目の修正や削除を行ってみよう ……………………………………… 82
- **17-1** 科目を修正する …………………………………………………………… 82
- **17-2** 不要な科目を削除する ………………………………………………… 83
  - 削除できない科目について／科目の表示順を並べ替えるには

18 部門を設定してみよう ………………………………………………… 85
- **18-1** 部門を設定する ………………………………………………………… 85
  - 部門の残高設定の注意点／部門設定のメリット

19 開始残高を詳細に設定しよう ………………………………………… 89
- ● 新規開業時以外で弥生会計を導入する場合は繰越残高の入力が必要 … 89
- ● 開始残高を入力するための資料を用意する ………………………… 89
  - 残高入力する勘定科目を補助科目を含めて整理するとこうなっている
- **19-1** 開始残高を手入力する(法人の場合) ……………………………… 92
- ● 個人事業主の場合の開始残高を入力するための資料 ………………… 97
  - 貸倒引当金と減価償却累計額を入力する場合の注意点／個人事業主の開始残高について
  - 期中に弥生会計を導入する場合／科目残高のインポート／補助科目の残高入力欄について

20 弥生会計の環境設定を確認・変更してみよう ………………………… 101
- ● 環境設定の変更方法 ……………………………………………………… 101
- ● 帳簿や伝票を使いやすく設定する方法 ……………………………… 103
- ● ユーザー管理機能の活用 ……………………………………………… 104
  - パスワードを忘れないように注意!／「管理者」と「管理者の権限」について

21 弥生会計の「事業所データ」を切り替えたり不要なデータを削除してみよう … 106
- **21-1** 表示する「事業所データ」を切り替える ………………………… 106
- **21-2** 「事業所データ」を削除する …………………………………………… 107
  - サンプルデータを開いて勉強してみる

第4章　帳簿や伝票を入力してみよう

22 仕訳入力画面の種類と役割について ………………………………… 110
- ● 取引を入力することができる画面 …………………………………… 110
- ● 運用方法の例 …………………………………………………………… 112

23 仕訳入力の基本操作 …………………………………………………… 113
- ● マウス操作とキーボード操作について ……………………………… 113
- ● 日付の入力 ……………………………………………………………… 113
- ● 金額の入力 ……………………………………………………………… 114
- ● 項目の選択 ……………………………………………………………… 114

24 帳簿から入力する方法 ………………………………………………… 115
- ● 帳簿の特徴 ……………………………………………………………… 115
- ● 帳簿の画面の見方 ……………………………………………………… 116
- ● 帳簿の文字サイズについて …………………………………………… 118
- ● 現金出納帳に入力する内容 …………………………………………… 118
- **24-1** 仕訳を入力する ………………………………………………………… 119
  - 勘定科目一覧表の印刷／データの並べ替え／消費税の処理
- **24-2** 仕訳を修正する ………………………………………………………… 124

もくじ

24-3 仕訳を削除する ………………………………………………………… 125
　複数の仕訳をまとめて削除する方法／仕訳を削除・挿入する別の方法
● 預金出納帳の表示方法 ……………………………………………… 127
● 預金出納帳に入力する方法 ………………………………………… 127
● 預金出納帳の入力例 ………………………………………………… 128
● 売掛帳・買掛帳について …………………………………………… 128
● 売掛帳の入力例 ……………………………………………………… 129
　「かんたん取引入力」画面の使用
● 入力した仕訳の検索と印刷 ………………………………………… 131
● 帳簿の印刷 …………………………………………………………… 134

25 伝票から入力する方法 ……………………………………… 135
● 伝票の特徴 …………………………………………………………… 135
● 伝票の画面の見方 …………………………………………………… 136
● 入金伝票について …………………………………………………… 137
● 出金伝票について …………………………………………………… 138
● 振替伝票について …………………………………………………… 139
　「借方」の合計額を瞬時に「貸方」に入力する方法
25-1 伝票を印刷する …………………………………………………… 141

26 辞書機能を活用しよう ……………………………………… 143
● 辞書機能について …………………………………………………… 143
● かんたん取引辞書について ………………………………………… 143
26-1 かんたん取引辞書に取引を登録する ………………………… 144
　追加した辞書の確認方法／登録されているパターンの修正方法／「かんたん取引入力」画面の注意点
● 仕訳辞書について …………………………………………………… 146
26-2 仕訳辞書に取引を登録する …………………………………… 147
26-3 仕訳辞書を使用して取引を入力する ………………………… 148
26-4 仕訳辞書から仕訳を一括登録する …………………………… 149
● 伝票辞書について …………………………………………………… 151
26-5 伝票辞書に取引を登録する …………………………………… 152
26-6 伝票辞書を使用して取引を入力する ………………………… 153
● 摘要辞書について …………………………………………………… 154
26-7 摘要辞書に登録する …………………………………………… 155
26-8 摘要辞書を使用して取引を入力する ………………………… 156
　辞書へ素早く登録する方法／登録した予定を実行する「取引予定表」

27 仕訳アドバイザーについて ……………………………… 160
● 仕訳アドバイザーの利用 …………………………………………… 160

28 入力した取引を確認しよう ……………………………… 165
● 仕訳日記帳について ………………………………………………… 165
28-1 仕訳日記帳で検索を行う ……………………………………… 166
● 総勘定元帳について ………………………………………………… 167
28-2 総勘定元帳に転記された取引を確認する …………………… 167
28-3 総勘定元帳の印刷イメージを確認する ……………………… 168
● 補助元帳について …………………………………………………… 170
28-4 補助元帳で取引を確認する …………………………………… 171

もくじ

29 データファイルのバックアップについて ……………………………… 172
- 弥生会計の自動バックアップ機能について ……………………… 172
- 手動でバックアップを行うには ………………………………… 172
- 弥生ドライブを利用する ………………………………………… 173
- バックアップファイルを復元するには ………………………… 173
- バックアップファイルを利用する場面 ………………………… 174
- バックアップファイルを直接ダブルクリックしても復元する操作 … 175

第5章　集計作業を行ってみよう

30 集計表の種類と機能 ……………………………………………… 178
- 集計表の種類 …………………………………………………… 178
- 集計表の表示方法 ……………………………………………… 179

31 日次の集計表について ………………………………………… 180
- **31-1** 目的の期間の日計表を表示する …………………………… 180
- **31-2** 目的の月の日次残高推移表を表示する ………………… 181
  集計表の印刷方法
- **31-3** 目的の期間の現預金明細表を表示する ………………… 183

32 月次の集計表について ………………………………………… 184
- 残高試算表(月次・期間)について ……………………………… 184
- **32-1** 目的の月の残高試算表(月次・期間)を表示する …………185
  損益計算書で1年間の売上高を確認する方法／残高試算表から修正を行う方法
  「残高試算表(月次・期間)」を印刷する際の期間の指定方法
- 残高試算表(年間推移)について ……………………………… 188
- **32-2** 残高試算表(年間推移)を表示する ………………………188
  残高の推移を表したグラフを表示するには／ Excelとの連動

33 その他の集計表を利用してみよう …………………………… 192
- 残高調整表について …………………………………………… 192
- **33-1** 残高調整表を作成する ……………………………………… 192
- 元帳摘要集計表について ……………………………………… 194
- **33-2** 元帳摘要集計表を利用して個人別の経費の集計表を作成する …… 194
- 摘要損益計算書について ……………………………………… 198
- **33-3** 摘要に入力したキーワードでまとめて損益計算書を作成する……… 198
- 消費税に関する集計資料について …………………………… 202
- 予算実績対比表の利用 ………………………………………… 202
  Excelに書き出せないデータをテキストデータとして書き出す方法
  他のソフトウェアで作ったデータを弥生会計で利用する方法／ PDFファイルへの出力について

第6章　決算準備をしてみよう

34 決算って何? …………………………………………………… 206
- 決算とは ………………………………………………………… 206

- 決算書について ……………………………………………… 206
- 決算準備について …………………………………………… 206
- 決算の手順 …………………………………………………… 207

35 各勘定科目の残高を確認しよう ……………………… 208
- 残高を確認するポイント ……………………………………… 208
- **35-1** 決算整理仕訳入力前の残高試算表を確認する ……………… 209

36 決算整理仕訳を入力しよう①（棚卸） ……………… 211
- 棚卸について ………………………………………………… 211
- 棚卸の仕訳の作成 …………………………………………… 212
  月次棚卸を行っている場合（法人データのみ）

37 決算整理仕訳を入力しよう②（固定資産管理と減価償却） …………… 213
- 固定資産と減価償却費について …………………………… 213
- 固定資産管理の手順 ………………………………………… 213
- 固定資産管理を行う上での基本設定の確認 ………………… 214
- **37-1** 固定資産を登録する ……………………………………… 216
  法人と個人の設定画面の違い／固定資産を事業と自宅で共用している場合
- 減価償却費の仕訳の例 ……………………………………… 219
- **37-2** 減価償却費の仕訳を自動作成する ……………………… 219
  減価償却方法について／「一括償却資産」として登録した固定資産について
  「仕訳書出」できる仕訳について
- 固定資産関連の資料の印刷方法 …………………………… 222
  「弥生会計 17」に用意されている「減価償却資産の耐用年数表」

38 決算整理仕訳を入力しよう③（家事按分） ……………… 226
- 家事按分について …………………………………………… 226
- 家事按分の仕訳の作成方法 ………………………………… 226

39 決算整理仕訳を入力しよう④（見越・繰延） ……………… 228
- 経過勘定について …………………………………………… 228
  個人事業主の仕訳の場合／個人事業主の場合に使用する勘定科目／その他の決算整理仕訳

40 消費税申告書を作成しよう ……………………………… 231
- 消費税集計資料を用いた確認作業 ………………………… 231
- 「消費税申告書」作成に関する設定作業 …………………… 235
- 「消費税申告書」の作成について …………………………… 237
- **40-1** 消費税申告書を作成する ………………………………… 238
  消費税申告書の付表を作成する場合／「消費税の還付申告に関する明細書」の作成
- **40-2** 消費税振替仕訳を入力する ……………………………… 242
  税込処理の場合（当期で処理する場合）／税込処理の場合（翌期で処理する場合）

第7章　決算作業を行ってみよう

41 決算書の作成手順を確認しよう ……………………… 250
- 決算書の作成手順 …………………………………………… 250
- 貸借対照表と損益計算書について ………………………… 251

もくじ

42 法人の決算書を作成しよう ……………………………………… 252
- 決算書項目について …………………………………… 252
- **42-1 勘定科目に設定された決算書項目を修正する** ………… 252
- **42-2 決算書項目を編集する** ……………………………… 253
- 決算書の設定 ……………………………………… 255
- 株主資本等変動計算書について …………………… 257
- **42-3 株主資本等変動計算書を設定する** ………………… 258
- **42-4 決算書を印刷する** …………………………………… 260
- 勘定科目内訳書の作成方法 ………………………… 262
  データを取り込める勘定科目内訳書
- 法人事業概況説明書の作成方法 …………………… 263
  「法人事業概況説明書」入力画面での色分けについて／印刷前に表示されるメッセージについて

43 個人事業主の決算書を作成しよう …………………………… 266
- 決算書項目の確認について ………………………… 266
- 個人データの「決算・申告」メニューの画面について … 267
- **43-1 青色申告決算書を表示する** ………………………… 268
- **43-2 青色申告決算書の設定を確認・修正する** ………… 269
- **43-3 設定されている勘定科目と決算書への表示名称の結び付けを確認する** ………… 270
- **43-4 内訳を手入力する** …………………………………… 272
- **43-5 決算書を印刷する** …………………………………… 273

44 総勘定元帳を印刷しよう（法人・個人事業主共通） ……………… 275
- **44-1 総勘定元帳を印刷する** ……………………………… 275
  書類の保存期間

45 会計データの繰越処理を行おう ……………………………… 278
- 弥生会計の繰越処理 ……………………………… 278
- **45-1 繰越処理を行う** ……………………………………… 278
  弥生会計のデータの保存方法／繰越処理を行えない場合の対処法
- **45-2 前年度のデータを修正する** ………………………… 284
- 確定申告書B表の作成（個人事業主） ……………… 286
- **45-3 確定申告書B表を作成する** ………………………… 286
- 「e-Tax」の利用について（個人事業主） …………… 290
- **45-4 e-Taxデータを書き出す** …………………………… 291
  マイナンバー制度が始まっています

付録1　知って得する知識と機能

税金の申告について ……………………………………………… 294
- 個人事業主や法人にかかる税金 …………………… 294
- 個人事業主の確定申告 …………………………… 294
- 法人税の申告 ……………………………………… 294
- 消費税の申告の基礎 ……………………………… 295

手形管理機能について …………………………………………… 298
- 手形とは …………………………………………… 298

もくじ

● 手形管理の仕訳設定を確認するには …………………………… 298
● 受取手形を登録するには ………………………………………… 299
● 登録済みの手形の顛末を変更するには ………………………… 299
● 期末の残高データを「受取手形の内訳書」に取り込むには……… 300
● 支払手形を登録・変更するには ………………………………… 300

預貯金管理機能について ………………………………………… 301
● 定期積立の仕訳を自動作成するには …………………………… 301
● 勘定科目と税率の確認 …………………………………………… 302
● 利払い日の仕訳を書き出すには ………………………………… 302
● 預貯金の明細と残高予測を確認するには ……………………… 303

借入金管理について ……………………………………………… 303
● 借入金の管理を行うには ………………………………………… 303
● 借入金の明細と残高予測を確認するには ……………………… 304
● 支払利息額を修正するには ……………………………………… 305
● 期末の残高データを「借入金及び支払利子の内訳書」に取り込むには… 305

予算管理について ………………………………………………… 305
● 予算を設定するには ……………………………………………… 305
● 実績を集計するには ……………………………………………… 306
● 予算実績対比表について ………………………………………… 308

回収予定表・支払予定表について ……………………………… 309
● 回収条件や支払条件を設定するには …………………………… 309
● 回収予定表や支払予定表を作成するには ……………………… 309

資金繰りシミュレーターについて ……………………………… 310
● 入出金予定を登録するには ……………………………………… 310
● 資金繰りシミュレーションを行うには………………………… 310

資金繰り表について ……………………………………………… 311
● 弥生会計の資金繰り機能について ……………………………… 311
● 見積資金繰り表を作成するには………………………………… 312
● 資金繰り項目設定を確認するには……………………………… 312
● 実績資金繰り表を作成するには………………………………… 313
● 見積実績対比表を作成するには ………………………………… 313
● 資金繰り表がうまく集計できない場合の対処法 ……………… 313

経営分析について ………………………………………………… 314
● 5期比較財務諸表について ……………………………………… 314
● 損益分岐点分析を行うには ……………………………………… 315
● 比率分析を行うには ……………………………………………… 316
● ABC分析を行うには …………………………………………… 316

給与明細書について ……………………………………………… 318
● 給与明細書作成機能の制限事項 ………………………………… 318
● 給与明細書を作成するには ……………………………………… 318
● 給与の仕訳を作成するには ……………………………………… 319

もくじ

キャッシュ・フロー計算書について ……………………………………… 320
- キャッシュ・フロー計算書とは ……………………………… 320
- キャッシュ・フロー計算書の構成 ………………………………… 321
- キャッシュ・フロー設定を確認するには ……………………… 321
- キャッシュ・フロー計算書の集計方法の違いについて ………… 322
- キャッシュ・フロー計算書を作成するには ……………………… 322
- 5期比較キャッシュ・フロー計算書を作成するには ……………… 322

外部サービスからの仕訳取込機能について ……………………… 324
- 弥生会計に仕訳を取り込むことができる画面 ………………… 324
- 「スマート取引取込」を使うための前提条件 …………………… 324
- 「スマート取引取込」の操作手順 ………………………………… 325
- 「スマート取引取込」のスキャンデータ取込手順 ……………… 326

分散入力機能について ……………………………………………… 329
- 分散入力機能とは ………………………………………………… 329
- 「分散入力」の運用例 ……………………………………………… 329

データ送受信機能について ………………………………………… 332
- データ送受信機能と分散入力機能との違い …………………… 332
- 「データ送受信」の運用例 ………………………………………… 332
- 「弥生ドライブ」とは ……………………………………………… 333

なぜユーザー登録とあんしん保守サポートに加入した方が得なのか? … 334
- ユーザー登録について …………………………………………… 334
- ユーザー登録の方法 ……………………………………………… 334
- 会社で使うならあんしん保守サポートは必須! ………………… 335

付録2　練習問題

弥生会計の練習問題 ………………………………………………… 336
- 事業所データの作成の練習 ……………………………………… 336
- 補助科目の設定の練習 …………………………………………… 336
- 開始残高の設定の練習 …………………………………………… 337
- 取引の入力準備の練習 …………………………………………… 337
- 1月の取引の入力の練習 ………………………………………… 338
- 解答例のダウンロード方法 ……………………………………… 347

- ● 索 引(さくいん) ……………………………………………… 348

第1章

あらかじめ知って
おきたい基礎知識

01	経理担当者はどんな仕事をしているの?	16
02	「会計ソフト」って何?	18
03	「弥生会計 17」はどんなソフトなの?	19
04	簿記の基礎を知っておこう	22

SECTION-01

経理担当者はどんな仕事をしているの？

ここでは、会社の経理担当者はどのような業務を行っているのかを見てみましょう。

■取引で発生したお金を管理・記録する

会社の日常取引は、売上・仕入・経費支払の他にも、さまざまな取引が発生しています。これらの取引をすべて記録するのが、経理担当者の仕事の1つです。また、請求書や領収書などの書類を整理し、適切な支出かどうかのチェックなどを行います。

■現金や預金の入出金を管理する

経理担当者は、現金や預金の入出金と管理を行います。小口の現金による経費支払や、売上・仕入の際の入出金など、常に会社のお金の流れを把握しておかなくてはなりません。特に、手形のやり取りや、売掛・買掛による取引を行っている場合、手形の決済日や掛代金の回収・支払予定日を把握し、資金がショートしないように常に残高を管理することが必要です。いくら儲けが出ていても、売上代金を回収できずに、支払に充てるお金を用意できなければ会社は倒産に追い込まれてしまいます。ミスの許されない厳しい業務なのです。

■会社の経営成績と財政状態を報告書にまとめる

　税金を納めるため、銀行に提出するため、株主に報告するためなど、さまざまな目的で資料や報告書を作成するのも経理担当者の仕事です。特に、日々の取引をまとめて1年間で区切り、会計期末に行う「決算」の作業は、経理担当者にとって1年に1度の大仕事といえるでしょう。決算で作成する「決算書」は、「貸借対照表」「損益計算書」「キャッシュ・フロー計算書」など、数種類の報告書で構成され、その作成にかかる作業量も膨大です。

■管理会計の作業を行う

　「管理会計」とは、過去の会社の実績をもとに、短期的・中長期的な経営計画の判断材料となる資料を作成し、経営者に提供する会計業務のことです。会社が今、儲かっているのか、損をしているのか、そして今後はどうなるだろうかということを、日次・月次・四半期・半期などの区切りで、傾向や推移の分析資料を経営者に提供します。取引先の与信管理も行い、早めに経営者に報告します。来期以降の予算立てや、設備投資の計画、経営分析を行ったりします。

SECTION-02

「会計ソフト」って何?

ここでは、「会計ソフト」とはどんなソフトで、どのようなメリットがあるのかを見てみましょう。

■ どうして会計ソフトを利用するの?

　経理担当者の業務は、膨大な数の帳簿や伝票への記入・管理・計算などを行うため、すべてを手書きでやっていく場合、非常に手間と時間がかかります。また、取引で発生するさまざまな処理や資料を結び付けていくためには、簿記や会計の専門知識が必須であり、それらを覚えるだけでも大変です。

　しかし、会計ソフトを使えば、パソコンが多少苦手という人でも、あまり経理の知識がない人でも、取引をきちんと入力さえできれば、ある程度までの会計データを簡単に作成することができるのです。

■ 転記や計算作業をしなくても集計資料がリアルタイムで作成できる

　会計ソフトを使うと、取引を入力するだけで、関係する帳簿への転記や集計資料への反映まで自動で行うことができます。そのため、帳簿への転記間違いや計算間違いをするリスクが軽減でき、もし入力を間違えたとしても、修正作業は手書きの場合に比べて格段に簡単です。さらに、決算書の作成も簡単に行うことができます。

ONE POINT　会計ソフトの中で一番売れているのが「弥生会計」

　会計ソフトの中で、実売数が一番多いのが「弥生会計」シリーズです。弥生会計は、BCN AWARD（全国の主要販売店におけるソフト実売統計）において、業務ソフト部門で17年連続、申告ソフト部門で12年連続で最優秀賞を受賞するという快挙を成し遂げています。

　家電量販店の業務ソフトコーナーでもよく見かけると思いますが、業種を選ばず、今一番使われている会計ソフトです。

SECTION-03

「弥生会計 17」はどんなソフトなの?

　弥生会計は、主要販売店での売上実績No.1を誇る会計ソフトです。ここでは、その最新版である「弥生会計 17」の機能について見てみましょう。

■「弥生会計 17」とは

　弥生会計は、弥生株式会社が開発・発売している会計ソフトです。
　中小企業や個人事業主向けに作られており、バージョンアップのたびに利用者のニーズに合わせて操作性や機能を向上させてきました。
　「弥生会計 17」には、主に次の4つの特徴があります。

- ●「クイックナビゲータ」という基本メニューにより操作が視覚的でわかりやすい
- ●複式簿記がわからなくても記帳ができる機能が豊富
- ●消費税改正など最新の法令に対応
- ●バンキングデータや領収書等のスキャンデータを自動仕訳で取り込む「スマート取引取込」に対応

■【特徴1】アイコン表示でわかりやすい「クイックナビゲータ」が操作の入り口

　「弥生会計 17」では、「クイックナビゲータ」というメニュー画面から操作を行います。作業の種類ごとに、関連する画面のショートカットアイコンが並べられており、パソコン初心者にも使いやすく、視覚的にわかりやすい構成になっています。クイックナビゲータについて、詳しくは68ページを参照してください。

● クイックナビゲータ（プロフェッショナル版）

アイコンが並んだメニュー画面になっている

第1章 ● あらかじめ知っておきたい基礎知識　19

■【特徴2】複式簿記がわからなくても簡単に入力できる画面が用意されている

お小遣い帳をつけるようなイメージで入力ができる「現金出納帳」や、直感的に入力操作が行える「かんたん取引入力」、仕訳・伝票・摘要などの定型パターンを登録しておき、入力の際に呼び出して入力の手間を軽減する各種の辞書機能があるので、簿記の知識がなくても経理処理を行うことができます。

■【特徴3】最新の法令に対応している

消費税改正に対応し、取引日付から消費税の税率を自動判定するので、最新の法令に基づいて経理処理を行うことができます。

■【特徴4】スマート取引取込機能で仕訳を自動作成することができる

　連携サービスの銀行明細・クレジットカード・電子マネーなどの取引データをインターネット経由で取り込んだり、スキャナーで読み取った領収書などのスキャンデータを取り込み、自動仕訳を作成する機能を使用することができます。

●スマート取引取込機能

ONE POINT　「弥生会計」には「デスクトップアプリ」と「クラウドアプリ」がある

　「デスクトップアプリ」とは、ソフトウエアを購入してパソコンにインストールして使用する製品のことで、組織の規模や利用目的によって、次の5つのグレード（種別）から選ぶことができます。本書では主にデスクトップアプリのプロフェッショナル版とスタンダード版について説明しています。

　「クラウドアプリ」とは、パソコンにソフトウエアをインストールせずインターネット経由で年間利用料を支払って使用する製品を言い、「弥生オンライン」シリーズがあります。「弥生オンライン」シリーズの説明は30ページのONE POINTをご参照ください。。

※各グレードの価格は、オープン価格です。オンラインショップ（弥生ストア）の直販価格は、ホームページ（http://www.yayoi-kk.co.jp/icare/ys/index.html）をご参照ください。

- 弥生会計 17 ネットワーク（複数名で利用する中小企業向け）
　　弥生会計の最上位モデルで、「弥生会計 17 プロフェッショナル」の機能を3台以上のパソコンで運用し、会計データをネットワークで共有することができます。サーバー（専用のコンピュータ）が必要です。
- 弥生会計 17 プロフェッショナル2ユーザー（中～小規模法人企業向け2台で運用）
　　「弥生会計 17 プロフェッショナル」の機能を備え、2名の担当者で入力することができます。サーバー（専用のコンピュータ）は不要です。
- 弥生会計 17 プロフェッショナル（中～小規模法人企業向け）
　　「弥生会計 17 スタンダード」に、部門管理や経営分析機能、キャッシュ・フロー計算書などの機能を追加したグレードです。日常の記帳から決算までの一般的な機能だけでなく、会計データを利用した会社独自のさまざまな資料作成を行う応用機能も利用したい場合に便利です。
- 弥生会計 17 スタンダード（小規模法人企業～個人事業主向け）
　　会計処理に必要な機能はひととおり揃っています。初めて弥生会計を導入する場合は、このグレードを選ぶとよいでしょう。
- やよいの青色申告 17（個人事業主専用）
　　名前に「弥生会計」は付きませんが、操作画面や使い勝手は弥生会計と同様です。ただし、農業所得の計算、製造原価管理には対応していません。個人事業主でこれらの機能が必要な場合は、スタンダード以上のグレードを選びましょう。

SECTION-04

簿記の基礎を知っておこう

　会計ソフトを使えば、初心者でもある程度の会計データを作ることができます。しかし、そうはいっても、簿記の基礎知識がまったくゼロの状態では、パソコンが自動計算した帳票が正しいのかどうかもわかりません。ここでは、簿記の基本について簡単に学んでおきましょう。

■ 簿記には「単式簿記」と「複式簿記」がある

　簿記には、「単式簿記」と「複式簿記」があり、法人や個人の青色申告では「複式簿記」で記録します。ここではまず、2つの簿記の方法について簡単に説明します。

● 個人の「白色申告」は「単式簿記」で記帳する

● 単式簿記の例（仕入帳）

　「単式簿記」は、物事を1つの側面からしか見ない帳簿の付け方のことです。たとえば、「バス代300円を現金で支払った」という取引を帳簿に記帳する場合は、経費帳に「旅費交通費の発生300円」という内容を記録します。「その結果、現金が減った」という、もう1つの側面は特に記帳する必要はありません。それでも現金管理だけは行っている、という会社も多いですが、単式簿記では「収益」と「費用」の発生（取消）のみ記帳していきます。つまり「収益」と「費用」の発生（取消）の結果増減する現金など、「資産」や「負債」の残高は管理しません。そのため、「損益計算書」は作成できますが、「貸借対照表」は作成できないのです。

仕入帳				
日付	摘要	仕入金額	値引・返品額	残高
1月10日	○○電機商会 パソコン部品仕入	105,000		105,000
1月12日	○○貿易 商品○○ 輸入仕入	500,000		605,000
1月15日	○○航空運輸 ○○貿易仕入分 輸入諸経費	25,000		630,000
1月20日	○○電機商会 不良品の返品		21000	609,000
1月22日	○○商会 ネットワーク機器仕入	420,000		1,029,000
1月25日	○○紙業 製品梱包資材仕入	262,500		1,291,500

　個人事業主で、「白色申告」を行っている場合の記帳方法が「単式簿記」です。単式簿記では、「売上帳」「仕入帳」「経費帳」などの帳簿を用意します。右上の図では「仕入帳」の例を示しています。1年間でこの「仕入帳」の残高を見ると、1年間にどれだけの仕入が発生したのかを確認することができます。また、売上や経費もそれぞれの帳簿から、1年間の発生金額を確認します。このデータをまとめて「損益計算書」を作成します。

● 個人の「青色申告」や法人は「複式簿記」で記帳する

● 複式簿記の例（振替伝票）

　「複式簿記」は、「収益」「費用」の発生（取消）によって、「資産」「負債」「資本（純資産）」がどのように変化したのかまでを記録していく帳簿の付け方です。

　手書きで処理する場合の大まかな流れは、次の通りです。

❶ 取引を仕訳（24ページ参照）する
❷ 仕訳を総勘定元帳（167ページ参照）に転記する
❸ 総勘定元帳の各勘定を、月末や年度末で締め切り、残高試算表を作成し、さらに損益計算書と貸借対照表を作成する

なお、弥生会計をはじめとした会計ソフトを利用した場合、❷と❸は自動的に会計ソフトが作成してくれます。

取引の発生から決算書までの流れ

■ 簿記の5要素と勘定科目について

複式簿記では、「取引」が発生したときに、「勘定科目」を用いて「仕訳」という作業を行います。ここでは、簿記でいう「取引」と「勘定科目」について説明します。

● 簿記でいう「取引」とは

簿記は、「取引」を「帳簿」に記録していく作業です。ただし、簿記上でいう「取引」とは、世間一般にいう「取引」とは異なります。簿記上の「取引」は、「資産」「負債」「資本(純資産)」「収益」「費用」のいずれかが増減することを指します(これを簿記の5要素という)。

たとえば、「○○社から商品の注文を受けた」というような場合、営業活動的には「○○社と取引した」といえるかもしれませんが、簿記の立場で見ると、商品という「資産」が減ったわけでもなく、売上高という「収益」が増えたわけでもありません。つまり、この時点では、簿記では「取引」として記帳しないのです。この取引で仕訳が必要な時点は、「商品を納品して(売上計上)、その代金を受け取る権利が発生したとき(売掛金が発生)」となります。

逆に、「地震で倉庫が倒壊した」「泥棒に商品を盗まれた」というような、世間一般では「取引」といわないようなケースでも、「資産」が減ってしまうので「取引」が発生したとして「仕訳」を行います。

●「勘定科目」とは

取引を記帳していく区分のことを「勘定」といいます。勘定に付けられた名前が「勘定科目」です。勘定科目は「現金」や「売上高」などの一般的な科目だけでなく、会社の業種や規模によって勘定科目を追加し、独自の勘定科目体系に整えているところもあります。また、すべての勘定科目は「簿記の5要素」のいずれかに属しています。次の図は、勘定科目の一例と、それらが簿記の5要素のどこに含まれているかを示しています。

簿記の5要素と勘定科目の例

簿記の5要素	属している勘定科目の一例
資　産	‥‥‥現金、預金、受取手形、売掛金、仮払金、建物、車両運搬具など
負　債	‥‥‥支払手形、買掛金、借入金、未払金、預り金など
資本(純資産)	‥‥‥資本金(法人)、元入金(個人)など
収　益	‥‥‥売上高、雑収入など
費　用	‥‥‥仕入高、給料手当、旅費交通費、通信費など

なお、たとえば、勘定科目の「現金」を表す場合、"「現金」勘定"と表現するのが一般的です。

第1章 ● あらかじめ知っておきたい基礎知識　23

■ 仕訳とは

複式簿記では、前述のように簿記の5要素が増えたり減ったりする取引をすべて帳簿や伝票に記録していきます。この記録の方法を「仕訳」といいます。ここでは、仕訳について説明します。

仕訳は、1つの取引をその取引の「原因」と「結果」に分けて記録していきます。「原因」と「結果」、つまり1つの取引を2つに分けて記録していくのです。複式簿記の「複式」の語源もここから来ています。

「仕訳」と聞くと「難しい…」と思われる方が多いかもしれませんが、慣れればそう難しいものではありませんし、仕訳にはいくつかの「ルール」がありますので、それをマスターすれば大概の仕訳は作成できるようになります。

それでは、次のような例を用いて、順を追って説明しましょう。

> バス代300円を現金で支払った。

まずは、上記の例を仕訳すると、次のようになります。

借方	貸方
旅費交通費　300	現金　300

左側と右側に分けて記録していますが、左側のことを「借方」、右側のことを「貸方」と呼びます。「借りる」「貸す」は関係ありません。これも「ルール」の1つです。

● 仕訳のルール(1)・・・取引を「原因」と「結果」に分けて勘定科目に当てはめる

仕訳は、1つの取引をその取引の「原因」と「結果」に分けて記録していきますが、それでは「原因」と「結果」とはどう考えればいいのでしょうか。

上記の例は次のように言い換えることができます。

> バスに乗った　　　だから　　　現金が300円減った

上記を「原因」と「結果」に分けると、次のようになります。

- 原因：バスに乗った
- 結果：現金が300円減った

これで1つの取引を2つに分けることができました。これを図解し、勘定科目を当てはめると、次のようになります。

原因

バス代300円の経費がかかった

これは、「簿記の5要素」の「費用」が発生したことを意味します。バス代は交通費なので、「勘定科目」は「旅費交通費」を使用します。

結果

現金300円を支払った

これは、「簿記の5要素」の「資産」が減少したことを意味します。現金を払ったので、「勘定科目」は「現金」です。

交通費は「旅費交通費」勘定、現金は「現金」勘定を使って記録をします

● 仕訳のルール（2）・・・借方と貸方に分けてそれぞれ記録する

　2つ目のルールは、「2つの勘定科目を借方と貸方のどちらに書くか？」になります。

　複式簿記では、「資産」「負債」「資本（純資産）」「収益」「費用」の5つに分類される「簿記の5要素」があります。この要素は、数字が増えた（発生した）ときに、借方（左側）に記入するか、貸方（右側）に記入するかが決められています。

　このルールは、次の図のようになっています。

	借方	貸方
資産	増加	減少
負債	減少	増加
資本	減少	増加
収益	取消	発生
費用	発生	取消

増えたときに借方（左側）に記入する要素
- 資産
- 費用

増えたときに貸方（右側）に記入する要素
- 負債
- 資本（純資産）
- 収益

これらの要素は、減ったときは、左右逆の欄に記入します。

　上の図から、「バス代300円を現金で支払った」ときの勘定科目を書く位置は、次のようになることがわかります。

> ● 旅費交通費の発生　➡　費用の発生　➡　借方に記入
> ● 現金の減少　➡　資産の減少　➡　貸方に記入

　このため、借方が「旅費交通費」、貸方が「現金」となり、左ページの仕訳例のようになるのです。ここで貸借を逆に記入するとまったく逆の意味合いになるため、充分に注意が必要です。

　すべての取引を、この表を見ながら、「借方」と「貸方」に当てはめて、記録していく作業が「仕訳」となります。

● 仕訳のルール（3）・・・借方と貸方の合計金額は一致する

　仕訳のルールの最後は金額についてです。「借方」の金額と「貸方」の金額は必ず一致します。仕訳の例をもう一度見てください。「旅費交通費が300円発生」した結果、「現金が300円減少」しています。発生した旅費交通費と、そのために減った現金の金額は一致するのです。

　実務上の取引の中には、原因と結果が1対1ではなく、いくつかの原因がいくつかの結果につながるような、もう少し複雑な取引が出てくることがあります。そのような場合でも、「借方側の合計金額」と「貸方側の合計金額」は必ず一致します。

　これらの3つのルールをふまえ、次ページでは仕訳の例を紹介します。よく、仕訳は「習うより慣れろ」といいます。まずは数をこなして、慣れていきましょう。

第1章 ● あらかじめ知っておきたい基礎知識　　25

> 3,000円の事務用品を購入し、現金で支払った。

● 原因：事務用品費(費用)の発生 ・・・ 借方へ

● 結果：現金(資産)の減少 ・・・ 貸方へ

(借方からみると・・・)事務用品を購入(事務用品費が発生)した結果、現金3,000円が減少しました。

(貸方からみると・・・)現金が3,000円減少した原因は、事務用品を購入(事務用品費が発生)したからです。

借 方	貸 方
事務用品費　3,000	現金　　　　3,000

> 銀行より100,000円を借り入れ、普通預金に入金された。

● 原因：借入金(負債)の増加 ・・・ 貸方へ

● 結果：普通預金(資産)の増加 ・・・ 借方へ

(借方からみると・・・)普通預金が増えたのは、100,000円を銀行から借り入れたからです。

(貸方からみると・・・)銀行から借り入れした100,000円は、普通預金に預け入れ、その結果普通預金が増加しました。

借 方	貸 方
普通預金　100,000	借入金　　100,000

> 得意先Aに31,500円の商品を発送した。翌月末に入金予定となる。

● 原因：売上(収益)の発生 ・・・ 貸方へ

● 結果：売掛金(資産)の増加 ・・・ 借方へ

(借方からみると・・・)売掛金が増えたのは、売上が31,500円あったからです。

(貸方からみると・・・)売上31,500円は掛で売り上げました。その結果売掛金が増加しました。

借 方	貸 方
売掛金　　31,500	売上高　　31,500

> 得意先Aより掛代金が普通預金に振り込まれた。31,500円の商品代金に対して、105円の振込手数料が差し引かれていた。

● 原因：売掛金(資産)の減少 ・・・ 貸方へ
　　　　支払手数料(費用)の発生 ・・・ 借方へ

● 結果：普通預金(資産)の増加 ・・・ 借方へ

(借方からみると・・・)普通預金に振り込まれた31,395円と支払手数料105円は、売掛金の回収があったためにそれぞれ増加・発生しました。また売掛金がその分減少しました。

(貸方からみると・・・)回収された(減少した)売掛金31,500円は、手数料105円を差し引かれ残りは普通預金に31,395円振り込まれました。その分普通預金が増加し、支払手数料が発生しました。

借 方	貸 方
普通預金　　31,395	売掛金　　31,500
支払手数料　　　105	

> 1月分給与300,000円のうち、社会保険料10,000円、源泉所得税5,000円を控除し、差引支給分285,000円を現金で支払った。

- 原因：給料手当(費用)の発生・・・借方へ
- 結果：預り金(負債)の増加・・・貸方へ
　　　　現金(資産)の減少・・・貸方へ

(借方からみると・・・)給与の支払いが総額300,000円あり、社会保険料・源泉所得税の会社預かりがあったので、預り金が10,000円と5,000円増加し、支払いに充てた現金が285,000円減少しました。
(貸方からみると・・・)預り金が10,000円と5,000円増加し、現金285,000円減少したのは給与の支払いが総額300,000円発生したからです。

借　方	貸　方
給料手当　300,000	現金　　285,000
	預り金　　10,000
	預り金　　 5,000

ONE POINT　勘定科目の使い分け

「日常の取引をどういう勘定科目で記録したらいいのかわからないのですが・・・」というお話をよく聞きます。そもそも最初のスタートのところから迷ってしまうと、「やっぱり仕訳って難しい」と思ってしまうかもしれません。そんなときは、弥生会計の勘定科目一覧表を眺めてみましょう。勘定科目の名前は、その取引を連想するようなわかりやすい名前が付いていると思います。

それでも、中には判断を迷うものもあるでしょう。たとえば「ガソリン代」もわかりにくい取引の1つです。弥生会計では「旅費交通費」「燃料費」「車両費」など、どこに入っていてもおかしくないような勘定科目が用意されています。どれが正しいのでしょうか？　実はどれも正しいのです。一般的に妥当だと判断される科目の呼び方が何種類かあったら、どれを選択してもOKです。ただし、一度「燃料費」を使うというルールを決めたら、みだりに変更してはいけません。弥生会計では、勘定科目の名前を自由に登録することができるのですが、ある程度決められた(一般に使われている)勘定科目の範囲から、その会社なりのルールを決めて勘定科目の設定を行いましょう。

ONE POINT　「借方」と「貸方」の左右の覚え方

「借」と「貸」、読み方も漢字もなんとなく似ているため、最初のうちは区別がつかなかったりします。簿記を勉強したての受講生から「借方って右側のことだっけ？　左側のことだっけ？」という質問が飛び交ったりもします。

そのときの覚え方をここでご紹介します。
- 「借方(かりかた)」の「り」は左カーブ、だから借方は左側
- 「貸方(かしかた)」の「し」は右カーブ、だから貸方は右側

この覚え方は、「一度聞いたら意外と忘れない」と、セミナーでは好評です。

■ 帳簿への転記と試算表の作成

仕訳ができたら、次の作業は「帳簿」へ取引を書き写す「転記」の作業を行います。この「帳簿」が「総勘定元帳」です。総勘定元帳の残高をまとめた報告書が「残高試算表」や「決算書」となります。総勘定元帳は別名「元帳」とも呼ばれ、会計帳簿の基本となる大切な帳簿です。総勘定元帳には、勘定科目ごとにページが設定されており、「日別」「取引別」に記録されて、総勘定元帳を見れば「いつ」「どんな取引をしていたのか」が一目瞭然にわかります。

弥生会計では、総勘定元帳への転記作業や、試算表や決算書への集計作業は自動で行いますが、ここでは手書きで作業をした場合の流れを確認してみましょう。

① 総勘定元帳への転記

仕訳で「借方」に書いた勘定科目は、総勘定元帳のその勘定科目のページの「借方」欄に金額を書き写し、その金額の増減の原因となった「相手勘定科目」を記入します。摘要には、取引の内容を簡潔にまとめて記入します。同様に仕訳で「貸方」に書いた勘定科目は、その勘定科目のページの「貸方」欄に金額を書き写し、その金額の増減の原因となった「相手勘定科目」を記入し、摘要を記入します。

② 試算表の作成

総勘定元帳の合計もしくは残高を集計し、一覧表にしたものが試算表です。試算表については次の3つがあります。

- 合計試算表（各勘定科目の借方合計／貸方合計を集計したもの）
- 残高試算表（各勘定科目の残高を集計したもの）
  ※残高とは各勘定科目の借方合計と貸方合計との差額をいいます。
- 合計残高試算表（上記2つの試算表をミックスさせたもの）

試算表を作成するタイミングは特に決まっていませんが、特に月末・四半期ごと・半期ごと・年度末などが多く使用されます。

なお、弥生会計では合計残高試算表が採用されています。

「売掛金」勘定の例

売掛金

日付	相手勘定科目	摘要	借方金額	貸方金額	残高
		前期より繰越			200,000
1.10	売上高	○○物産1月分	262,500		462,500
1.10	売上高	△△商会1月分	2,472,500		2,935,000
1.31	普通預金 A銀行	掛代金回収 ○○物産		1,050,000	1,885,000
1.31	普通預金 A銀行	掛代金回収 △△商会		200,000	1,685,000
1.31	普通預金 B銀行	掛代金回収 ××工業		450,000	1,235,000
2.10	売上高	◇◇商事 2月分	10,000		1,245,000
2.20	受取手形	××工業 掛代金回収手形 5月31日		10,000	1,235,000
		当期累計	2,745,000	1,710,000	1,235,000

「売掛金」勘定は「資産」ですから、増えたら借方になり、残高も借方になります。

借方合計は前期繰越+当期の借方合計を書き写します。

貸方合計は当期の貸方合計を書き写します。

残高は借方合計と貸方合計の差額です。この「売掛金」勘定の例では、借方合計の方が多いので、借方残高に差額を書き写します。

合計残高試算表

借方残高	借方合計	勘定科目	貸方合計	貸方残高
876,980	1,750,000	現金	873,020	
1,244,100	4,260,000	普通預金	3,015,900	
1,235,000	2,945,000	売掛金	1,710,000	
6,500,000	6,500,000	商品		
3,883,000	3,883,000	車両運搬具		
2,880,000	2,880,000	工具器具備品		
	1,000,000	買掛金	5,300,000	4,300,000
	227,000	短期借入金	3,000,000	2,773,000
		預り金	770,000	770,000
		資本金	7,500,000	7,500,000
		売上高	3,095,000	3,095,000
200,000	200,000	仕入高		
1,200,000	1,200,000	給料手当		
11,000	11,000	交際費		
68,800	68,800	旅費交通費		
46,000	46,000	通信費		
38,000	38,000	消耗品費		
250,000	250,000	水道光熱費		
5,120	5,120	雑費		
18,438,000	25,263,920		25,263,920	18,438,000

第1章 ● あらかじめ知っておきたい基礎知識　29

ONE POINT 「弥生オンライン」シリーズについて

　インターネット経由で会計処理を行うクラウドアプリは、バージョンアップ不要でインターネット環境さえあればどこでも入力できることが最大のメリットで、次の3シリーズが用意されています。ただし、機能はデスクトップアプリ版と比較すると制限があります。「かんたん取引入力」画面はデスクトップアプリ版の弥生会計と似ていますが、それ以外は画面や機能も大きく異なります。期首残高と取引の「エクスポート」「インポート」でデスクトップアプリ版と連携することが可能です。また、弥生PAPに加入している会計事務所と顧問契約をしている場合はデータを共有することができます。
　詳細は、弥生株式会社のホームページをご確認ください。

- 弥生会計オンライン[法人用]
- やよいの青色申告オンライン[個人事業主(一般)青色申告専用]
- やよいの白色申告オンライン[個人事業主(一般)白色申告専用]
　※農業所得の計算には対応していません。

税理士からのコメント　電子帳簿保存法の改正

　2016年1月に改正電子帳簿保存法が施行されました。帳簿や証憑書類などを紙のまま保存するのではなく、電子データとして保存する方法を電子帳簿保存と言いますが、その一部でスキャナ保存制度に関して、改正前は金額の上限や保存条件、電子署名の付与等の条件が厳しく、申請してもなかなか認められるものではありませんでした。今回の改正ではスキャナ保存制度の条件が緩和され、タイムスタンプを付与すれば、金額に関わらずすべての領収書等をPDFファイルで保存することが認められました。この機会に経理のペーパーレス化を進めてみてはいかがでしょうか？詳細は弥生株式会社のホームページでご確認ください。(URL　https://www.yayoi-kk.co.jp/paperless-keiri/index.html)

第2章

「弥生会計 17」を
パソコンで使う準備をしよう

05 使っているパソコンで「弥生会計 17」を利用できるかどうかを確認しよう·········· 32

06 「弥生会計 17」をパソコンにインストールしよう ······························ 37

07 「弥生会計 17」の体験版について ·· 41

SECTION-05

使っているパソコンで「弥生会計 17」を利用できるかどうかを確認しよう

　弥生会計をパソコンに導入するには、そのパソコンが弥生会計の動作する性能を満たしている必要があります。ここでは、お使いのパソコンで弥生会計を使うことができるかどうか、チェックしてみましょう。

※本書では、Windows10での操作手順を中心に解説しています。

■「弥生会計 17」を利用するために最低限必要なパソコンの性能

「弥生会計 17」を利用するためには、次の表のような性能を満たしたパソコンが必要になります。

※この表では、「弥生会計 17 スタンダード」「弥生会計 17 プロフェッショナル」を基準に説明しています。「弥生会計 17 プロフェッショナル 2ユーザー」「弥生会計 17 ネットワーク」では動作環境が異なる項目があります。詳しくは弥生株式会社のホームページをご参照ください（http://www.yayoi-kk.co.jp/）。

機器・機能	動作条件
日本語OS	Windows 10（32bit、64bitの両方に対応） Windows 8.1（32bit、64bitの両方に対応）※Windows RT8.1は除く Windows 7（32bit、64bit版の両方に対応）SP1 Windows Vista（32bit版のみ）SP2以降 ※インターナショナル版・日本語ランゲージパックは動作対象外
ブラウザ	InternetExplorerは、各OSでサポートされている最新のバージョンをご利用ください。またはMicrosoft Edge必須
対応機種	上記の日本語OSが動作する機種
メモリ容量	Microsoft Windows 10 ・・・・・・ 1GB以上（32bit版） ／ 2GB以上（64bit版） Microsoft Windows 8.1 ・・・・・・・ 1GB以上（32bit版） ／ 2GB以上（64bit版） Microsoft Windows 7 ・・・・・・・・・ 1GB以上（32bit版） ／ 2GB以上（64bit版） Microsoft Windows Vista・・・・・・ 1GB以上
ディスプレイ（モニタ）	本体に接続可能で、上記OSに対応したディスプレイ 解像度は1024×768ピクセル以上が必須、表示色はHigh Color（16ビット）以上を推奨
ディスクドライブ	DVD-ROMドライブが必須
ハードディスク	空き容量は400MB以上が必須 ※データ領域分は別途必要 ※2ユーザー版でSQL Server2012 Express SP2をインストールする場合は4.2GB以上の空き容量が必要
マウス・キーボード	上記の日本語OSで使用可能なマウス・キーボード
日本語入力システム	上記の日本語OSに対応した日本語入力システム（IMEやATOKなど） （対応文字コードはJISコード第一水準、第二水準）
プリンター	上記の日本語OSに対応したプリンター
必要なソフトウェア	VC++2013ランタイムおよびMicrosoft .NET Framework 3.5 SP1以降が必要（インストールされていない場合は、弥生会計のインストール時に、必要なコンポーネントを先にインストールする） ※インストール済みでない場合は、別途300MB以上の空き容量が必要

※「SP」は「Service Pack」の略です。

05-1 OSとメモリ容量を確認する

お使いのパソコンのOS（パソコンの基本システム）やメモリ容量が、「弥生会計 17」の動作条件を満たしているかどうかを確認してみましょう。

1 スタート画面に表示されている[**エクスプローラー**]をクリックし、さらに[**PC**]アイコンを右クリックして、ショートカットメニューから[**プロパティ(R)**]をクリックします。

Windows10以外のOSでは、スタート画面に表示されるメニュー内の[**PC**]、または[**コンピューター**]を右クリックし、ショートカットメニューから、[**プロパティ(R)**]をクリックします。

2 画面に表示されている内容を、左ページの動作条件の一覧表と比較します。画面を閉じるには、✕ボタンをクリックします。なお、SP(Service Pack)を適用することが必要なOSもあるので注意してください。

1GBは約1000MBに相当します。

05-2 パソコン画面（ディスプレイ）の設定を確認する

お使いのパソコンの、画面（ディスプレイ）の設定を確認してみましょう。

1 デスクトップ上のアイコンがないところで右クリックし、ショートカットメニューから**[ディスプレイ設定(D)]**をクリックします。ディスプレイのカスタマイズ画面が表示されますので、**[ディスプレイの詳細設定]**をクリックします。

Windows7/8.1では、**[画面の解像度(C)]**をクリックしてください。Windows Vistaでは、**[個人設定(R)]**を選択し、**[画面の設定(Y)]**をクリックしてください。

2 解像度を確認し、☒ボタンをクリックして画面を閉じます。

Windows Vistaでは、この画面で表示色についても確認できます。なお、表示色は標準で「32ビット」になっているので、色の表示がおかしい場合以外は、特に色の設定・確認を行う必要はありません。

05-3 ハードディスクの空き容量を調べる

お使いのパソコンの、ハードディスクの空き容量を確認してみましょう。ここでは、Cドライブに弥生会計をインストール（導入）することを前提に操作を行っています。

1 スタート画面に表示されている[**エクスプローラー**]をクリックし、さらに[**PC**]アイコンをクリックします。

Windows10以外のOSでは、スタート画面に表示されるメニュー内の[**PC**]、または[**コンピューター**]をクリックします。

2 目的のハードディスクの空き容量を確認します。画面を閉じるには、✕ボタンをクリックします。

ハードディスクの空き容量は400MB以上が必須です。なお、1GBは約1000MBに相当します。

ONE POINT　マウスの基本的な使い方

デスクトップ画面上に表示される白い矢印（マウスポインタ）が、マウスで操作するときの目印になります。マウスポインタの先端が操作対象になるので、これを目印にマウスを動かします。

また、マウスで画面操作を行うための動かし方には、「クリック」「ダブルクリック」「ドラッグ」「右クリック」などがあります。慣れないうちはゆっくりでもかまいませんので、確実に操作できるようにしましょう。

●クリック　　　●ダブルクリック　　　●ドラッグ（ドラッグ&ドロップ）　　　●右クリック

マウスの左ボタンを1回だけ押します。　　マウスの左ボタンを素早く2回押します。　　マウスの左ボタンを押しながらマウスを動かし、目的の場所で左ボタンを離します（離すことを「ドロップ」と呼ぶ）。　　マウスの右ボタンを1回だけ押します。

ONE POINT　日本語の入力と半角英数字の入力について

キーボードから文字を入力する際は、漢字まじりの日本語を入力する場合と、英数字を入力する場合で、日本語入力のON/OFFを切り替える必要があります。日本語入力を切り替えるには、キーボードの左上付近にある 半角/全角 キーを押します。日本語入力がOFFになっているときは、Windowsの言語バー（ ）が A の状態で、日本語入力がONになっているときは、言語バーが あ の状態になります。日本語入力の方法には、ローマ字入力とかな入力の2種類があり、かな入力がONになっている場合は、言語バーの右下端の KANA がへこんで青くなります。ローマ字入力とかな入力を切り替えるには、言語バーの KANA をクリックします。

■ ローマ字入力の場合の日本語の入力方法

ローマ字入力で日本語を入力している場合は、キーボードに書いてある英字を用いて日本語の読みをローマ字で入力し、Space キー（何も書いていない大きなキー）または 変換 キーを押して漢字に変換します。

■ かな入力の場合の日本語の入力方法

かな入力で日本語を入力している場合は、キーボードに書いてあるひらがなを用いて日本語の読みを入力し、Space キー（何も書いていない大きなキー）または 変換 キーを押して漢字に変換します。

なお、伝票や帳簿の入力欄によっては、自動的に日本語入力がOFFに切り替わるようになっていることがあります（主に勘定科目や金額の入力欄）。また、サーチキー他（53ページ参照）を利用して勘定科目などを入力する際は、ローマ字入力ではなく、かな入力を行っている場合が多いと思われますが、かな入力の設定で日本語入力がOFFの状態の場合、半角カタカナが入力されるので、そのまま入力することができます。

SECTION-06
「弥生会計 17」をパソコンに インストールしよう

　ここでは、製品版の「弥生会計 17 プロフェッショナル」のインストール方法を解説します。体験版をインストールしたい方は、41～42ページを参照してください。

※あらかじめ33ページの要領で、お使いのパソコンが「弥生会計 17」を動作させるだけの性能があるかどうかを確認しておいてください。

06-1 「弥生会計 17 プロフェッショナル」をインストールする

　「弥生会計 17」は、画面に表示されるメッセージに従って情報を入力していくだけでインストールすることができます。ただし、1台のパソコンを複数のユーザー設定で共用しているような場合は、管理者権限のあるユーザーでログインした状態でインストール作業を行ってください。

1 「弥生会計 17」のDVD-ROMを、パソコンのDVD-ROMドライブにセットします。

2 「インストールランチャー」の画面が自動的に表示されるので、[弥生会計のインストール]をクリックします。

「インストールランチャー」が自動的に表示されない場合は、40ページのONE POINTを参考にしてください。また、この後、ユーザーアカウント制御に関するメッセージが表示された場合は、[はい(Y)]をクリックしてインストールを続けてください。

3 インストールコンポーネントと状態が表示されるので、[インストール開始(S)]ボタンをクリックします。

4 使用許諾契約書を確認し、[**使用許諾契約の条項に同意します。(A)**]をONにして[次へ(N)>]ボタンをクリックします。

5 「ユーザー名」と「会社名」を入力して、[次へ(N)>]ボタンをクリックします。

6 弥生会計をインストールするフォルダの場所を確認し、 次へ(N)> ボタンをクリックします。

初期設定ではCドライブの「Program Files」の「Yayoi」フォルダが指定されています。任意の場所に変更する場合は 変更(C)... ボタンをクリックし、インストール先を指定します。

7 インストール(I) ボタンをクリックするとインストールが開始されます。内容を確認したり変更したい場合は、 <戻る(B) ボタンをクリックし、該当の場所まで戻って設定し直してください。

8 インストールが完了しました。 完了(X) ボタンをクリックし、デスクトップ上に弥生会計の起動用のショートカットアイコンが作成されていることを確認します。

ONE POINT 「弥生会計 17」のDVD-ROMを入れてもインストール用画面が表示されないときは

お使いのパソコンの環境によっては、製品版の「弥生会計 17」のDVD-ROMを入れてもインストール用画面（インストールランチャー）が表示されないことがあります。その場合は、Windowsのスタート画面に表示されたメニューから**[PC]アイコン**をクリックします。表示されたウィンドウ内のDVD-ROMドライブのアイコンをダブルクリックし、「yayoi17」（またはyayoi17.exe）という名前のアイコンのファイルをダブルクリックします。

ONE POINT 弥生IDを登録しよう

バンキングデータや領収書等のスキャンデータなどを取り込んで自動仕訳を作成する**[スマート取引取込]**機能や、インターネット上のドライブ（弥生ドライブ）にデータをバックアップしたり、そのデータを他のユーザーと共有する**[データ共有サービス]**など、弥生のインターネットサービスを利用する場合は、あらかじめ弥生株式会社のホームページから**[弥生ID]**を登録しておく必要があります。

❶ 弥生株式会社ホームページ上部より、マイページのリンクをクリックします。

❷ マイページトップ画面から、初めて弥生IDを登録する場合は ●弥生ID新規登録 ボタンをクリックします。

❸ メールアドレスをIDとして入力すると弥生ID新規登録用のメールが送信されます。送信メールの記載に従い、登録を行ってください。

※弥生株式会社のホームページからユーザー登録を行った場合は、ユーザー登録時に登録したメールアドレスが弥生IDとして登録されていますので、別途新規に登録する必要はありません。

SECTION - 07

「弥生会計 17」の体験版について

「弥生会計 17」の製品版を持っていなくても、体験版を利用すると、「弥生会計 17」を練習したり使い勝手を体験してみることができます。ここでは、体験版を利用するための方法や注意事項などを説明します。

■ 体験版の特徴

「弥生会計 17」の体験版は、無償で弥生株式会社のホームページからダウンロードして利用することができます。体験版のため、起動できる日数や使用できる機能に制限がありますが、製品版を購入して弥生製品登録番号の登録とライセンス認証を行うと、製品版として使用できるようになります。体験版のアンインストール（削除）や製品版をインストールし直すなどの作業は不要で、そのまま使い続けることができるので、製品版を購入する前に使い勝手を試して検討したい場合には最適です。

なお、製品版を購入してインストールした場合でも、弥生製品登録番号の登録とライセンス認証を行わなければ、体験版と同じ機能制限があります。

■ 体験版をダウンロードして利用する際の注意点

体験版には、次のような注意点があります。

● ダウンロードには高速なインターネット環境が必要

ダウンロードするためには、インターネットに接続しているパソコンが必要です。また、ダウンロードするファイル容量が大きいため（約507MBの予定）、光ファイバー通信などのブロードバンド回線（高速通信が可能なインターネット回線）でダウンロードされることをお勧めします。

● 使用にあたっての制限事項がある

「弥生会計 17」の体験版は、次のような制限事項があります。

- 体験版は、初めて起動した日から30日間だけ使用することができます。30日を過ぎると、製品版を購入してライセンス認証を行わない限り、起動することができなくなります。

- ライセンス認証を行わないと利用できない機能（決算・申告に関わる機能など）は使用できません。

- ユーザー認証を行わないと利用できない機能（「データバックアップサービス」や「スマート取引取込」、「サポート問い合わせ」など）は使用できません。

基礎知識

導入

初期設定

日常入力作業

集計

決算準備

決算

付録

第2章 ● 「弥生会計 17」をパソコンで使う準備をしよう　41

■「弥生会計 17」の体験版の入手方法

「弥生会計 17」の体験版は、弥生株式会社のホームページからダウンロードします。インターネットに接続できるパソコンで、下記のURLを入力するか、弥生株式会社のホームページ(http://www.yayoi-kk.co.jp/)を表示し、「体験版ダウンロード」のバナーをクリックして、画面の指示に従って操作してください。なお、体験版をダウンロードするためには、メールアドレスや会社名などの入力が必要です。

●体験版ダウンロードページ

URL http://www.yayoi-kk.co.jp/products/download/account/index.html

■「弥生会計 17」の体験版をインストールする方法

ダウンロードした体験版をインストールするには、次のように操作します。

❶ ダウンロードした、体験版のインストーラのアイコンをダブルクリックします。

❷ ユーザーアカウント制御に関するメッセージが表示された場合、 続行(C) ボタンをクリックします。

❸ 製品版の「弥生会計 17」のインストール(38ページの操作例 **3** 以降)と同様に操作します。

○NE POINT　1つのライセンスで運用できるのはパソコン1台分

弥生会計は、1つのライセンスで1台のパソコンにのみ運用が許可されています。「弥生会計 10」からライセンス認証の機能が搭載されましたが、それより前のバージョンでは、複数台分のライセンスがなくても、ライセンスを使いまわすことで複数台のパソコンにインストールして運用しているユーザーがみられました。しかし、これはもちろんライセンス違反です。きちんとライセンス認証をして、正規の方法で弥生会計を運用しましょう。

なお、「弥生会計 17」では、ユーザー登録やライセンス認証を行ったユーザーは、インターネット経由でさまざまな情報の提供を受けることができます。「会計用のパソコンは、安全面からインターネットに接続したくない」と考えているユーザーもいるので、弥生会計はオフラインでの運用も問題なくできるようになっていますが、せっかくオンラインで最新の法令対応や仕訳例などの情報を利用できるのですから、これを活用して業務効率アップに役立てるのも手ではないでしょうか。

導入時の初期設定を行おう

08 「弥生会計 17」の初期設定の手順を確認しよう ･････････････････････････ 44
09 「弥生会計 17」を起動しよう ･･ 45
10 「弥生会計 17」の入力環境を設定してみよう ････････････････････････････ 50
11 会計データの保存場所となる「事業所データ」ファイルを作ろう ･･･････････ 54
12 消費税の情報を設定しよう ･･･ 63
13 事業所設定と消費税設定を変更してみよう ･････････････････････････････ 66
14 弥生会計の基本画面(クイックナビゲータ)の使い方を覚えておこう ･･･････ 68
15 「得意先 銀行等の設定」を使って勘定科目や補助科目の最初の残高を設定しよう ･･･ 69
16 勘定科目と補助科目を設定しよう ･････････････････････････････････････ 74
17 科目の修正や削除を行ってみよう ･････････････････････････････････････ 82
18 部門を設定してみよう ･･･ 85
19 開始残高を詳細に設定しよう ･･･ 89
20 弥生会計の環境設定を確認・変更してみよう ･･･････････････････････････ 101
21 弥生会計の「事業所データ」を切り替えたり不要なデータを削除してみよう ･･･････ 106

SECTION-08
「弥生会計 17」の初期設定の手順を確認しよう

スタンダード　プロフェッショナル

「弥生会計 17」をパソコンにインストールした後は、自分の会社に合わせて初期設定を行う必要があります。ここからの作業は、ほとんどが初めに一度だけ行う作業です。まずは初期設定の手順を確認してみましょう。

■「弥生会計 17」の初期設定を行うための手順

よく、会計ソフトを導入した方から「使ってないよ」とか「もう難しくて……」という声を聞いたことはありませんか？　それはこの導入設定がうまくいかなかった方から多く聞かれるようです。基本的に、会計ソフトの導入設定は、さほど難しくありません。

難しく感じるのは「導入途中でわからなくなったり面倒になった」「どうしても数字や簿記特有の言葉になじめない」という方でしょう。特にパソコン操作が苦手な方は、日常の入力がしやすいように初期設定を整えておかないと、不便さを感じたり、うまく軌道に乗らない可能性があります。

この導入処理のポイントは下記の③と④です。特にここの部分についてはしっかり学びましょう。

① 事業所データの作成（54ページ参照）

データファイルを新規に作成します。

② 基本情報の登録（63～67ページ参照）

作成したデータファイルに基本情報を登録します。住所情報、消費税基本設定などを設定します。

③ 勘定科目・補助科目体系の登録、部門の登録（69～88ページ参照）

あらかじめ勘定科目は登録されていますが、必要に応じて追加、修正、削除など、自社にあわせて設定します。勘定科目の内訳を管理する補助科目も必要に応じて追加設定を行います。また、部門管理を行う場合、部門を登録します。
※部門管理は、「弥生会計 17 プロフェッショナル」「弥生会計 17 ネットワーク」のみの機能です。

④ 開始残高の登録（89ページ参照）

新規開業の場合は必要ありませんが、すでに事業を行っていて、今まで他の会計ソフトや手書きにて会計処理をしていた場合は、導入前までの残高を設定する必要があります。69ページの「得意先 銀行等の設定」で入力できる「現金」「預貯金」「売掛金」「買掛金」以外の残高は手入力します。

SECTION-09

スタンダード　プロフェッショナル

「弥生会計 17」を起動しよう

ここでは、旧バージョンの弥生会計をインストールしていないパソコンで、新規に「弥生会計 17」を起動する方法を説明します。

09-1 「弥生会計 17」の起動

ここでは、「弥生会計 17」を起動してみましょう。

1 デスクトップ上の「弥生会計 17」のアイコンをダブルクリックします。

ONE POINT　アプリから起動する方法

「弥生会計17」を起動するには、デスクトップのアイコンを利用する他に、アプリから起動する方法もあります。

❶ 画面左下のスタートボタンをクリックし、スタートメニュー画面の「よく使うアプリ」や「最近追加されたもの」の中に「弥生会計17」のアイコンがあればクリックします。

❷ アイコンが表示されていなければ、左下の「すべてのアプリ」をクリックし、アプリの一覧画面から「弥生17シリーズ」の「弥生会計17」のアイコンをクリックします。

※PDFのマニュアルを確認したい場合や、サンプルデータを開きたい場合は、「弥生会計17ツールとマニュアル」アイコンをクリックします。

●「最近追加されたもの」の中から起動する場合　　●アプリの一覧画面の中から起動する場合

第3章 ● 導入時の初期設定を行おう　45

09-2　ライセンス認証を行う

　弥生会計を起動すると、ライセンス認証画面が表示されます。ライセンス認証とは、不正コピーを防止し、正規に使用を許可されたソフトウェアであることを確認するためのものです。弥生会計は1台のコンピュータに1つのライセンスが必要です。ライセンス認証を行なわないと、初回起動日から30日間は弥生会計を使用することができますが、30日を過ぎると起動ができません。また、「決算・申告」に関する画面は、ライセンス認証を行っていないと開くことができません。インストール後、すぐに認証作業を行いましょう。

1 （ライセンス認証を開始する）ボタンをクリックします。

2 弥生製品登録番号と製品入手方法をクリックします。

表示される項目が異なる場合があります。画面の指示に従い設定を進めてください。

※ここでは、架空の番号を入力しています。実際の操作では、お手持ちの「弥生会計17」の弥生製品登録番号を入力してください。

3 「製品シリアル番号」を入力し、 (処理を開始する)ボタンをクリックします。

この後、ライセンス認証が行われます。

4 ライセンス認証が完了したら、 (画面を閉じる)ボタンをクリックします。

この後、ユーザー登録画面が表示されます(ユーザー登録済み製品などの場合は表示されない場合もある)。ユーザー登録については、334ページを参照してください。

ONE POINT 「弥生マイポータル」について

　弥生会計を起動すると同時に「弥生マイポータル」が立ち上がります。「弥生マイポータル」画面からは弥生株式会社の**[問い合わせの多いFAQ]**へのリンクや、ツールとマニュアル(サンプルデータやマニュアルへのリンク)、オンラインアップデート、設定ボタンより**[弥生ライセンス認証管理]**画面へのリンクなどが設定されています。

第3章 ● 導入時の初期設定を行おう　47

●弥生マイポータル

ONE POINT　ライセンス認証ができない場合

　ライセンス認証は、インターネットを通じて行うため、インターネットに接続する環境がない場合は、認証エラーの画面が表示されるので、画面の案内に従って別の方法で認証を行うようにしてください。

　弥生会計を起動すると、ユーザー登録の画面が表示されます。

認証後に表示されるユーザー登録の画像

ONE POINT　ライセンス認証の解除方法

　弥生会計をアンインストール（パソコンから削除）する場合は、事前にライセンス認証の解除を行う必要があります。ライセンス認証を解除せずにアンインストールしてしまうと別のパソコンにインストールしてもライセンス認証を行うことができなくなります。

　パソコンを買い替えたり、弥生会計を使用するパソコンを別のパソコンに変更する場合、OSの再インストールを行う場合などは以下のライセンス認証の解除を行いましょう。

❶ デスクトップの[弥生マイポータル]アイコンをダブルクリックし、画面右上の 設定 ボタンから[弥生ライセンス認証管理]をクリックします。

❷ ライセンス認証解除を行う製品を選択します。

❸ （ライセンス認証を解除する）ボタンをクリックします。この後、ライセンス認証サーバーに接続し、ライセンス認証が解除されます。

❹ 「ライセンス認証解除の手続きが完了しました」というメッセージが表示されたら、 （画面を閉じる）ボタンをクリックします。

※インターネットに接続していない場合などは、画面の説明を参考に別の方法で認証解除を行うようにします。

SECTION-10　「弥生会計 17」の入力環境を設定してみよう

スタンダード　プロフェッショナル

　初めて「弥生会計 17」を起動すると、クイックナビゲータという操作画面と、「環境設定ウィザード」が表示されます。ここでは、このウィザードを使って、弥生会計の入力環境を設定してみましょう。

10-1　環境設定の開始

　「弥生会計 17」を初めて起動すると、「環境設定ウィザード」が表示されます。このウィザードを使って、まず、仕訳を入力する際の基本設定を行います。ここで設定した内容は後からでも変更することができるので、よく意味がわからない部分は初期値で選択されている方を選んでおきましょう。実際の入力作業を行う前や、入力し始めてから不便さを感じた場合に、もう一度確認しておくとよいでしょう。

1 「環境設定ウィザード」の [次へ(N)>] ボタンをクリックします。

2 [推奨設定にする(S)]をONにして、[次へ(N)>] ボタンをクリックします。

[個々に設定する(C)]をONにした場合は「サーチキー(53ページ参照)の設定をどうするか」「ドロップダウンリスト(選択リスト)を自動表示するかどうか」「Enterキーを項目移動キーとして使うかどうか」を設定することができます。

3 振替伝票や仕訳日記帳の画面レイアウトを選択し、 次へ(N)> ボタンをクリックします。

[コクヨ形式(K)]を選択すると、項目の並び順が「コクヨ」の振替伝票と同じ並び順になります。

4 [いいえ(O)]をONにして、 次へ(N)> ボタンをクリックします。

ここでは、帳簿画面で入力する際に、仕訳を1行入力して次の行に移るときに登録確認メッセージを表示させるかどうかを選択しています。

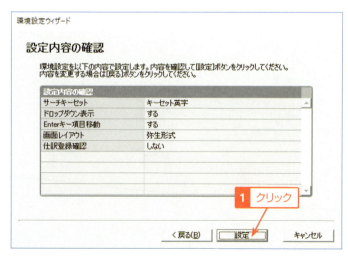

5 設定 ボタンをクリックします。

設定内容を変更したい場合は、該当するページまで <戻る(B) ボタンをクリックして戻り、再度、設定し直してください。

第3章 ● 導入時の初期設定を行おう　51

6 [完了]ボタンをクリックします。環境設定を変更したい場合は、101ページを参照してください。

ONE POINT 「クイックナビゲータ」の画面について

事業所データ(54ページ参照)を開いていないときのクイックナビゲータの画面は、次のようになっています。事業所データ登録後の画面の見方については、68ページを参照してください。

●クイックナビゲータ

ONE POINT　勘定科目の選び方を指定する「サーチキー」の設定について

　取引を入力する際、勘定科目を選んで入力します。弥生会計で設定されている勘定科目を選ぶ方法には、リスト（ドロップダウンリスト）から探す方法と、その勘定科目のサーチキーを入力して探す方法があります。

　前者はスクロールバーやマウスのスクロールボタンで探す方法で、後者は仕訳入力時に勘定科目を選択するためのキーワードを入力する方法です。サーチキーは英字と数字の2種類が初期設定されていますが、その他のキーワードで独自に1から設定したい場合は「サーチキー他」欄に設定することができます。3種類のサーチキーを設定することが可能ですが、ここから採用したいサーチキーを「環境設定（101ページ参照）」画面で1種類選択します（初期設定はサーチキー英字）。

●「現金」勘定を選択したい場合

サーチキー	入力の種類	入力例	備　考
サーチキー英字	初期設定はローマ字（半角英字）	GENKIN	半角換算で8文字まで入力可（全角の場合は4文字）
サーチキー数字	初期設定は数字（勘定科目コード）	100	
サーチキー他	自由設定	ゲンキン	ローマ字の場合、大文字と小文字の区別はない

　弥生会計の初期設定で入力されているサーチキー英字のローマ字の綴り方は、パスポートなどに採用されているヘボン式ローマ字で設定されています。ローマ字を入力しても勘定科目が選択できない場合、普段入力しているローマ字の綴りと、弥生会計のサーチキーで採用している綴りとが異なるのかもしれません。必要に応じて、82ページの操作方法で科目のサーチキーを修正するとよいでしょう。

●ヘボン式ローマ字表

あ	A	い	I	う	U	え	E	お	O
か	KA	き	KI	く	KU	け	KE	こ	KO
さ	SA	し	SHI	す	SU	せ	SE	そ	SO
た	TA	ち	CHI	つ	TSU	て	TE	と	TO
な	NA	に	NI	ぬ	NU	ね	NE	の	NO
は	HA	ひ	HI	ふ	FU	へ	HE	ほ	HO
ま	MA	み	MI	む	MU	め	ME	も	MO
や	YA	い	I	ゆ	YU	え	E	よ	YO
ら	RA	り	RI	る	RU	れ	RE	ろ	RO
わ	WA	ゐ	I	う	U	ゑ	E	を	O
ん	N（M）								
が	GA	ぎ	GI	ぐ	GU	げ	GE	ご	GO
ざ	ZA	じ	JI	ず	ZU	ぜ	ZE	ぞ	ZO
だ	DA	ぢ	JI	づ	ZU	で	DE	ど	DO
ば	BA	び	BI	ぶ	BU	べ	BE	ぼ	BO
ぱ	PA	ぴ	PI	ぷ	PU	ぺ	PE	ぽ	PO
きゃ	KYA	きゅ	KYU	きょ	KYO	しゃ	SHA	しゅ	SHU	しょ	SHO
ちゃ	CHA	ちゅ	CHU	ちょ	CHO	にゃ	NYA	にゅ	NYU	にょ	NYO
ひゃ	HYA	ひゅ	HYU	ひょ	HYO	みゃ	MYA	みゅ	MYU	みょ	MYO
りゃ	RYA	りゅ	RYU	りょ	RYO	ぎゃ	GYA	ぎゅ	GYU	ぎょ	GYO
じゃ	JA	じゅ	JU	じょ	JO	びゃ	BYA	びゅ	BYU	びょ	BYO
ぴゃ	PYA	ぴゅ	PYU	ぴょ	PYO						

第3章 ● 導入時の初期設定を行おう　53

SECTION-11

スタンダード　プロフェッショナル

会計データの保存場所となる「事業所データ」ファイルを作ろう

弥生会計を初めて利用する際、まず、会社の会計データを保存するための入れ物である「事業所データファイル」を新規に作成します。法人データか個人事業主データかによって一部手順が異なるため、該当する業種区分のデータ作成方法を参照してください。

11-1　法人の場合の事業所データの新規作成

会計データを保存するための事業所データファイルを作成します。ここでは、法人の場合の操作を解説します。個人事業主は58ページの操作を行ってください。

1 50ページの環境設定が終わると、図のように、クイックナビゲータが表示されます。「スタート」メニューをクリックし、[データの新規作成]アイコンをクリックします。

事業所データを作成する前のクイックナビゲータは、「スタート」メニューと「サポート・サービス」メニューしかありません。

2 「事業所データの新規作成」ウィザードが起動したら、[新規にデータを作成する(C)]をONにして 次へ(N)> ボタンをクリックします。

[データテンプレートを利用してデータを作成する(T)]については、76ページのONE POINTを参照してください。
[既存のデータを複写してデータを作成する(F)]は、既存の事業所データと同じ科目体系で新規の事業所データを作りたい場合にONにします。

3 「法人/一般」を選択し、次へ(N)>ボタンをクリックします。

業種区分は、事業所データの作成が完了した後は変更できないので注意してください。

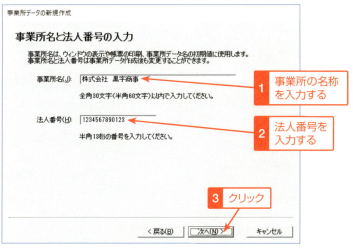

4 事業所の名称と法人番号を入力し、次へ(N)>ボタンをクリックします。

名称は全角30文字以内で入力してください。事業所名や法人番号は事業所データ作成後でも変更することができます。法人番号が不明な場合は国税庁法人番号公表サイト(http://www.houjin-bangou.nta.go.jp/)等で検索が可能です。

5 [決算期(K)]と[期首日(D)]を入力し、次へ(N)>ボタンをクリックします。

決算期は後から変更することができます。ただし、期首日を入力すると自動表示される会計期間については、事業所データ作成後に変更することはできないので注意してください。[期首日(D)]の欄の▼ボタンをクリックすると、カレンダーを使って年月日を設定できます。

第3章 ● 導入時の初期設定を行おう　55

6 製造原価に関する科目を使用する必要がある場合はチェックボックスをONにして、 次へ(N)> ボタンをクリックします。

操作例では、使用しないこととして操作しています。チェックをONにした場合、事業所データ作成後に取り消すことはできません。

7 中間決算整理仕訳を行うか行わないかを選択し、 次へ(N)> ボタンをクリックします。

事業所データ作成後は変更できません。また、中間決算整理仕訳を行う場合、通常月の仕訳と分けて中間決算整理仕訳を入力することができます。決算書も本決算、月次決算に加え中間決算書を作成することができます。

8 電子帳簿保存を申請していない場合は、[**電子帳簿保存を行わない(O)**]をONにし、 次へ(N)> ボタンをクリックします。

「電子帳簿保存」の適用を受けるためには税務署に申請し、承認を受ける必要があります。電子帳簿保存形式の会計データでは、仕訳の修正や削除などの履歴をすべて保存するため、データのサイズが通常より大きくなります。申請していない場合、総勘定元帳や決算書など、保存義務のある帳簿類はすべて印刷して保存しておきます。

9 事業所データの保存場所とファイル名を設定します。特に指定する必要がなければ初期設定のまま 次へ(N)> ボタンをクリックします。

保存場所を変更する場合は、参照先(S)... ボタンをクリックして変更します。複数のユーザーアカウントで1台のパソコンを使用している場合などは、共有できるフォルダなどにデータを保存しておかないと他のユーザーが利用できなくなる場合があります。ヒント ボタンをクリックすると詳しい対処方法を見ることができます。

10 設定内容を確認してから 作成開始 ボタンをクリックします。内容を修正したい場合は、<戻る(B) ボタンをクリックして修正したいページまで戻り、もう一度設定し直してください。

項目の後ろに「*」印が付いている項目は後から変更することができないので注意してください。

11 完了 ボタンをクリックします。これで、事業所データの新規作成は完了です。

設定した事業所名と決算期はクイックナビゲータのタイトルバー（画面の一番上の部分）に表示されます。

12 操作例では、続けて消費税の設定を行うので、 はい(Y) ボタンをクリックしています。

※この後、63ページの消費税の設定操作に進んでください。

11-2 個人事業主の場合の事業所データの新規作成

　弥生会計は、個人事業主の経理処理にも適しています。ここでは、弥生会計を使うための会社データの記録場所である「事業所データ」を、個人事業主用に作成してみましょう。

1 50ページの環境設定が終わると、図のようにクイックナビゲータが表示されます。「スタート」メニューをクリックし、[データの新規作成]アイコンをクリックします。

操作例では、52ページの続きとして解説しています。事業所データを作成する前のクイックナビゲータは、「スタート」と「サポート・サービス」メニューしかありません。

2 「事業所データの新規作成」ウィザードが起動したら、[新規にデータを作成する(C)]をONにして 次へ(N)> ボタンをクリックします。

[データテンプレートを利用してデータを作成する(T)]については、76ページのONE POINTを参照してください。
[既存のデータを複写してデータを作成する(F)]は、既存の事業所データと同じ科目体系で新規の事業所データを作りたい場合にONにします。

3 「個人/一般」「個人/農業」「個人/不動産」で該当する業種を選択し、 次へ(N)> ボタンをクリックします。「個人/農業」「個人/不動産」を選択した場合、操作例 **5** 以降の操作で表示される画面が異なります（62ページ参照）。

業種区分は、事業所データの作成が完了した後は変更できないので注意してください。

4 氏名(S)と屋号(Y)（事業所の名称）を入力し、 次へ(N)> ボタンをクリックします。

名称は全角30文字以内で入力してください。氏名や屋号は事業所データ作成後でも変更することができます。

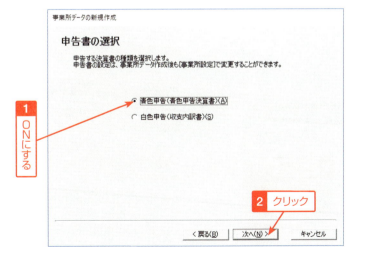

5 申告する決算書の種類をONにし、 次へ(N)> ボタンをクリックします。申告書の選択は、事業所データ作成後に変更することができます。

ここでは[青色申告（青色申告決算書）(A)]をONにします。

第3章 ● 導入時の初期設定を行おう　59

6 会計年度を入力して、[次へ(N)>]ボタンをクリックします。個人事業主の場合、会計期間は1月1日から12月31日となるので、年度のみ設定します。期中に開業した場合にも上記の設定のまま続けます。

会計年度は事業所データ作成後に変更することはできません。

7 必要に応じてチェックボックスをONにし、[次へ(N)>]ボタンをクリックします。

勘定科目オプションは、事業所データ作成後に追加することはできますが、取り消しはできません。よくわからない場合にはチェックボックスをONにしないで次に進みましょう。

8 [電子帳簿保存を行わない(O)]をONにして[次へ(N)>]ボタンをクリックします。

「電子帳簿保存」の適用を受けるためには税務署に申請し、承認を受ける必要があります。電子帳簿保存形式の会計データでは、仕訳の修正や削除などの履歴をすべて保存するため、データのサイズが通常より大きくなります。申請していない場合、総勘定元帳や決算書など、保存義務のある帳簿類はすべて印刷して保存しておきます。

9 事業所データの保存場所とファイル名を設定します。特に指定する必要がなければ初期設定のまま 次へ(N)> ボタンをクリックします。

保存場所を変更する場合は、 参照先(S)... ボタンをクリックして変更します。複数のユーザーアカウントで1台のパソコンを使用している場合などは、共有できるフォルダなどにデータを保存しておかないと他のユーザーが利用できなくなる場合があります。 ヒント ボタンをクリックすると詳しい対処方法を見ることができます。

10 設定内容を確認してから 作成開始 ボタンをクリックします。修正したい場合は <戻る(B) ボタンをクリックして修正したいページまで戻り、もう一度設定し直してください。

項目の後ろに「*」印が付いている項目は後から変更することができないので注意してください。

11 完了 ボタンをクリックします。これで、事業所データの新規作成は完了です。

設定した事業所名と決算期はクイックナビゲータのタイトルバー（画面の一番上の部分）に表示されます。

12 操作例では、続けて消費税の設定を行うので、[はい(Y)]ボタンをクリックしています。

※この後、63ページの消費税の設定操作に進んでください。

ONE POINT　個人事業主の業種の選択

操作例 4 で選んだ業種により、初期設定される勘定科目と、作成できる決算書が異なります。一度データを登録してしまうと、変更はできないので注意が必要です。

なお、事業所得の「農業」と「一般」を1つのデータで一緒に計算することはできません。両方ある場合は、事業所データを2つ別々に作成します。

業　種	計算できる所得	オプション科目	備　考
個人/一般	事業所得、不動産所得	製造原価科目 不動産所得用科目	農業所得の計算はできない
個人/農業	事業所得(農業のみ)、 不動産所得	生産原価科目 不動産所得用科目	一般の事業所得は計算できない
個人/不動産	不動産所得	―	不動産専業の場合に選択する

ONE POINT　勘定科目オプションの設定

操作例 7 の勘定科目オプションは、操作例 3 で選んだ業種によって、設定できる内容が次のように異なります。

■ 操作例 3 で「個人/一般」を選択した場合

製造原価に関する科目を使用するかどうかON/OFFができます。ONにすると、製造原価報告書を作成でき、一般の経費とは別に、製造原価科目が追加されます。

また、不動産に関する科目を使用するかどうかON/OFFができます。ONにすると、不動産用の損益計算書を作成でき、一般の損益科目とは別に、不動産損益科目が追加されます。

■ 操作例 3 で「個人/農業」を選択した場合

生産原価に関する科目を使用するかどうかON/OFFができます。ONにすると、生産原価報告書を作成でき、一般の経費とは別に、生産原価科目が追加されます。

また、不動産に関する科目を使用するかどうかON/OFFができます。ONにすると、不動産用の損益計算書を作成でき、一般の損益科目とは別に、不動産損益科目が追加されます。

※勘定科目オプションは、事業所データ作成後でも追加することができますが、はじめに設定しておくと、一般の経費帳の他に、初期設定で各経費帳が追加されます。

※操作例 3 で「個人/不動産」を選択した場合は、操作例 7 の画面は表示されません。

SECTION-12　スタンダード｜プロフェッショナル

消費税の情報を設定しよう

　事業所データの新規作成に続いて、消費税設定を行うことができます。ここでは、54〜58ページ（法人の場合）、58〜62ページ（個人事業主の場合）の続きとなる、消費税の設定方法について解説します。

※事業所データの作成に続いて消費税設定を行わなかった場合は、クイックナビゲータの「導入」メニューをクリックし、[消費税設定ウィザード]アイコンをクリックします。また、消費税設定は必要に応じて後から変更することができます。

12-1　消費税の処理を設定する

ここでは、消費税申告を行うかどうか、また課税方式その他について設定してみましょう。

1　「消費税設定ウィザード」の画面で、[消費税申告を行う(Y)]をONにして [次へ(N)>] ボタンをクリックします。

[消費税申告を行わない(免税業者)(O)]をONにして [次へ(N)>] ボタンをクリックすると、操作例 **5** の画面が表示されます。

2　消費税の課税方式を選択して [次へ(N)>] ボタンをクリックします。なお、課税方式については、297ページで詳しく解説しています。

[本則課税(G)]をONにした場合は操作例 **4** の画面が、[簡易課税(S)]をONにした場合は操作例 **3** の画面が表示されます。

第3章 ● 導入時の初期設定を行おう　63

3 操作例 **2** で簡易課税を選択した場合は、営んでいる事業に応じた事業区分を選択して 次へ(N)> ボタンをクリックします。

2区分以上の事業がある場合は、取引ボリュームや金額など比重の高い区分を選択してください。簡易課税の事業区分については、付録の297ページを参照してください。

4 消費税の経理方式を選択し、 次へ(N)> ボタンをクリックします。

税込/税抜の違いや詳細は右ページのONE POINTをご覧ください。

5 設定内容を確認してから、 登録 ボタンをクリックします。

6 [完了]ボタンをクリックします。

7 [いいえ(N)]ボタンをクリックします。

[はい(Y)]ボタンをクリックすると69ページの「得意先 銀行等の設定」に進みますが、ここでは、導入設定は後から行うこととします。

※この後、66ページの操作に進んでください。

ONE POINT 消費税の法令対応について

消費税の税率は、事業データごとに会計期間に応じて使用可能な税率が自動判定され設定されています。仕訳入力時は、取引日付から税率の初期値が自動判定されます。また、新消費税率の施行日以降に、旧税率を使用するかどうか選択することができます(初期設定では、旧税率を使用することができる設定)。

ONE POINT 税込経理と税抜経理について

消費税の経理方式にはすべての取引を消費税込の数字で仕訳していく「税込経理」と、消費税分を分けて仕訳していく「税抜経理」があり、操作例 4 の設定により、いずれかを選択できます。「税抜」は消費税分を分けるとはいっても、初期設定は「内税入力」になっていますので、入力方法は変わりません。また、どちらを選択しても、納付する消費税の額が変わるわけではありません。変わるのは、「外税」や「別記」に変更した場合の入力の方法と、帳票の表示方法、決算時の消費税処理です。

■ 操作例 4 で[税込(I)]を選択した場合

すべての取引を消費税込で仕訳します。消費税額を修正したり、手入力したりすることはできません。また、決算書は税込で表示されます。

■ 操作例 4 で[税抜(E)]を選択した場合

本体金額と消費税額を分けて仕訳します。弥生会計は、3パターンの方法があり(内税、外税、別記)、勘定科目ごとに設定することが可能です。消費税分は「別記」以外、自動計算です。決算書は税抜で表示されます。

経理方式	税計算区分	備考
税抜	内税(自動計算)	税込で入力した金額に含まれる消費税分を( )内に自動計算し、金額のすぐ下に表示する
	外税(自動計算)	税抜で入力した金額にかかる消費税分を自動計算し、金額のすぐ下に表示する
	別記	税込で入力した金額にかかる消費税分を別に入力する

第3章 ● 導入時の初期設定を行おう 65

SECTION-13
事業所設定と消費税設定を変更してみよう

スタンダード　プロフェッショナル

　事業所情報は、会社の移転など、必要に応じて修正することができます。また、設定した消費税情報も、会社の状況の変化によって年度ごとに変更する必要が出てくる場合があります。ここでは、54ページで作成した事業所データと、63ページで紹介した消費税設定を変更する方法を解説します。

※ここでは、クイックナビゲータを表示していることとして解説します。表示されていない場合は　ナビゲータ　ボタンをクリックしてクイックナビゲータを表示してください。

13-1　事業所設定を変更する

　事業所設定を変更するには、次のようにクイックナビゲータの[事業所設定]アイコンから操作します。ここでは、事業所情報の住所などを変更してみましょう。

1 クイックナビゲータの「導入」メニューをクリックし、[事業所設定]アイコンをクリックします。

[事業所設定]アイコンは、「導入」メニューの他に「事業所データ」メニューにも表示されています。

2 目的の箇所を修正して、OKボタンをクリックします。

ここで入力した事業所情報は、決算書などの作成時に情報を取り込むことができます（236ページ参照）。

個人事業主の場合、「年度情報」の「決算期」の代わりに「申告区分」の選択欄が表示されています。

3 すべての画面を閉じるメッセージが表示されるので、 はい(Y) ボタンをクリックします。

13-2 消費税設定を変更する

消費税は、年度によって変更する場合があるので、いつでも変更できるようになっています。ここでは、次のようにクイックナビゲータの[消費税設定]アイコンから操作します。

1 クイックナビゲータの「導入」メニューをクリックし、[消費税設定]アイコンをクリックします。

2 目的の箇所を修正して、 OK ボタンをクリックします。操作例では、63ページで入力した課税方式の「簡易課税」を「本則課税」に変更、経理方法を「税込」から「税抜」に変更しています。

この後、すべての画面を閉じるメッセージが表示されたら、 はい(Y) ボタンをクリックしてください。

税理士からのコメント 原則課税（本則課税）と簡易課税はどっちがトク？

　消費税の計算において、基準期間（法人であれば前々事業年度、個人であれば2年前）の課税売上高が5,000万円以下であれば簡易課税制度を選択できます。「選択できる」のですからどちらを選択してもよいことになります（もちろん簡易課税制度を選択する場合には事前の届出書の提出が必要です）。ここで素朴な疑問が出てきます。「本則課税と簡易課税はどちらがトクなのかな？」ということです。

　この答えは「ケースバイケース」です。サービス業などでは、消費税のかからない人件費が経費の多くを占めますので、結果として簡易課税の方がトクというケースが多いのですが、多額の金額を支出して物品その他を購入した場合には「支払った消費税」が多くなるため、本則課税の方がトクなケースも出てきます。

　簡易課税の選択届出書は適用を受けたい年度の前年度末までに所轄の税務署に提出する必要がありますので、翌期の事業計画をよく考え、その中でどちらにするか考えたいですね。なお、一度簡易課税を選択すると2年間は継続適用をしなければなりません。

第3章 ● 導入時の初期設定を行おう 67

SECTION-14
弥生会計の基本画面（クイックナビゲータ）の使い方を覚えておこう

スタンダード　プロフェッショナル

ここまでは、導入のための設定を行ってきました。これらの設定が終わると、以降は、弥生会計を起動すると「クイックナビゲータ」というメニュー画面が表示されます。作業の種類ごとに、よく使う画面のショートカットアイコンが並んでおり、わかりやすいのが特徴です。ここでは、クイックナビゲータの画面構成を確認してみましょう。

■ 弥生会計の画面構成とクイックナビゲータの機能を知る

クイックナビゲータは、作業の種類ごとによく使う画面のショートカットアイコンが並べられた、弥生会計を操作するときの基本となる画面です。構成を覚えて必要な作業画面に素早く移動できるようにしましょう。

なお、クイックナビゲータが表示されていない場合は、画面右上のボタンをクリックすると表示することができます。また、ガイドパネルでは、弥生株式会社のホームページと連動してスタートアップガイドの　動画を確認したり、よくある質問（FAQ）を閲覧することができます（インターネット接続環境が整っており、ユーザー登録を行い、弥生株式会社のホームページにログインする必要がある）。また、ガイドパネルは[たたむ（>）]ボタンをクリックすると画面右側にたたむことができます。

なお、製品起動時に「弥生マイポータル」が起動し、弥生からのお知らせやよくある質問FAQを確認することができます。新しい情報がある時には、タスクバーのアイコンが点滅してお知らせします。

SECTION-15

スタンダード　プロフェッショナル

「得意先 銀行等の設定」を使って勘定科目や補助科目の最初の残高を設定しよう

　「得意先 銀行等の設定」は、「現金」「預貯金」「売掛金」「買掛金」の4種類の勘定科目について、内訳を管理するための補助科目を設定したり、開始残高を入力したりする画面です。ここでは、この4つを順に設定する方法を解説します。

■ まずは設定前に注意点を確認しよう

　「得意先 銀行等の設定」で設定できるのは、「現金」「預貯金」「売掛金」「買掛金」の4種類の勘定科目のみです。その他の科目はすべて「科目設定」画面と「科目残高入力」画面で設定していきます。また、「得意先 銀行等の設定」では、補助科目にサーチキーを設定することはできません。

　他の科目と併せて一括で設定したい場合や、会計年度の途中から弥生会計を導入する場合、開始残高がわからない場合などはこの画面を使用せず、「科目設定」画面（74ページ参照）や「科目残高入力」画面（89ページ参照）を使って設定を行いましょう。

15-1　勘定科目や補助科目を設定しよう

　勘定科目の開始残高や補助科目の設定は、「得意先 銀行等の設定」を表示して、次の要領で行います。

1 クイックナビゲータの「導入」メニューをクリックし、**[得意先 銀行等の設定]**アイコンをクリックします。「導入設定ウィザード」画面が立ち上がります。

2 [次へ(N)>]ボタンをクリックします。

開始残高とは、弥生会計に設定した会計期間の前日現在の資産・負債・純資産(資本)の各勘定の残高をいいます。例えば、平成29年4月1日からの会計期間の法人の場合、平成29年3月31日現在の金額です。平成29年1月1日からの会計期間の個人事業主の場合、平成28年12月31日現在の金額となります

3 「現金」勘定の開始残高を入力し、[次へ(N)>]ボタンをクリックします。

ここに入力する金額は、「現金」勘定の前期繰越残高として表示されます。今年度新規開業の場合は、繰越残高がありませんので金額は入力しません。

4 [追加(A)...]ボタンをクリックします。

ここに入力する金額は、「当座預金」勘定、「普通預金」勘定、「定期預金」勘定のそれぞれの口座別(補助科目)前期繰越残高として表示されます。今年度新規開業の場合は、繰越残高がありませんので、銀行名と利用する口座のチェックのみ設定し金額は入力しません。

5 預貯金情報を入力して、OKボタンをクリックします。

操作2は、目的の枠を一度クリックして、色が青くなったらもう一度クリックすることでONにすることができます。

6 銀行口座が複数ある場合、操作例4～5の要領で、利用している銀行口座をすべて入力します。口座情報の設定が終わったら、次へ(N)>ボタンをクリックします。

入力を間違えてしまった場合は、修正したい行をクリックして編集(M)...ボタンをクリックし、情報を入力し直してOKボタンをクリックします。

7 得意先(売掛金)情報を設定するために、追加(A)...ボタンをクリックします。

ここに入力する金額は、「売掛金」勘定の得意先別(補助科目)前期繰越残高として表示されます。今年度新規開業の場合は、繰越残高がありませんので、得意先名のみ入力し金額は入力しません。

第3章 ● 導入時の初期設定を行おう 71

8 得意先情報を入力して、[OK]ボタンをクリックします。

9 得意先がいくつかある場合、操作例 **7** ～ **8** の要領で、すべての取引先を入力します。得意先情報の設定が終わったら[次へ(N)>]ボタンをクリックします。

入力を間違えてしまった場合は、修正したい行をクリックして[編集(M)...]ボタンをクリックし、情報を入力し直して[OK]ボタンをクリックします。

10 仕入先(買掛金)情報を設定するために、[追加(A)...]ボタンをクリックします。

ここに入力する金額は、「買掛金」勘定の仕入先別(補助科目)前期繰越残高として表示されます。今年度新規開業の場合は、繰越残高がありませんので、仕入先名のみ入力し金額は入力しません。

11 仕入先情報を入力して、[OK]ボタンをクリックします。

12 仕入先がいくつかある場合、操作例 10 ～ 11 の要領で、すべての仕入先を入力します。仕入先情報の設定が終わったら 次へ(N)> ボタンをクリックします。

入力を間違えてしまった場合は、修正したい行をクリックして 編集(M) ボタンをクリックし、情報を入力し直して OK ボタンをクリックします。

13 ここまでの設定内容を確認し、 登録 ボタンをクリックします。

この後、導入設定の完了のメッセージが表示されるので、 完了 ボタンをクリックします。すると、自動的にクイックナビゲータの画面に戻ります。

ONE POINT　「得意先 銀行等の設定」で入力した金額はどこに表示されているのか

「得意先 銀行等の設定」で各種金額を入力し終わると自動的にクイックナビゲータの画面に戻るため、初心者には入力した金額がどのように扱われているのかわかりにくいかもしれません。たとえば、操作例で入力した金額は、弥生会計の「科目残高入力」画面を表示すると、「現金」「当座預金」「普通預金」「定期預金」「売掛金」「買掛金」勘定に入力されていることを確認することができます。

※科目残高入力についての詳しい解説は89ページを参照してください。

SECTION-16

スタンダード　プロフェッショナル

勘定科目と補助科目を設定しよう

　事業所データを新規に作成すると、「事業所データの新規作成」ウィザードの「業種の選択」（55ページまたは59ページの操作例❹）で選択した業種によって、勘定科目があらかじめ設定されています。必要に応じて、勘定科目と補助科目を追加・修正・削除し、使いやすく整えましょう。

■準備する資料

- 現在使用している総勘定元帳や前年度の決算書
  どんな科目が必要かを確認することができます。
- 前年の勘定科目内訳書や決算書（法人の場合）
- 前年の青色申告決算書や収支内訳書（個人事業主の場合）
  決算時に集計する科目の設定や、どの勘定科目に補助科目が必要かを確認することができます。

■弥生会計で自動設定された勘定科目の確認

　クイックナビゲータの「導入」メニューの[科目設定]アイコンをクリックすると、現在設定されている勘定科目の一覧が表示されます。69ページの「得意先　銀行等の設定」を使用して、「現金」「当座預金」「普通預金」「定期預金」「売掛金」「買掛金」勘定に追加設定を行っている場合は、勘定科目のさらに下階層に補助科目が設定されています。「科目設定」の画面で見ると、勘定科目名の右に表示されている数字が、補助科目の設定数を表しています。

●クイックナビゲータの画面

「貸借科目」と「損益科目」の一覧を切り替えるタブ。クリックすることで切り替えることができる

◉「貸借科目」を表示した状態

☑ 補助科目を表示(1)

科目設定

貸借科目 損益科目

1 2 3 4 5	勘定科目	サーチキー英字	サーチキー数字	サーチキー他	貸借区分
[資産]					
[流動資産]					
[現金・預金]	*GENYOKI	*100			
現金	GENKIN	100		借方	
小口現金	KOGUCHI	101		借方	
当座預金 [1]	TOUZAYO	110		借方	
普通預金 [2]	FUTSUUYO	115			

◉「損益科目」を表示した状態

☑ 補助科目を表示(1)

科目設定

貸借科目 **損益科目**

1 2 3 4	勘定科目	サーチキー英字	サーチキー数字	サーチキー他	貸借区分
[売上高]					
[売上高]	*URIAGE	*700			
売上高	URIAGE	700		貸方	
売上値引高	URIAGENE	707		借方	
売上戻り高	URIAGEMO	708		借方	
売上割戻高	URIAGEWA	709		借方	

「貸借科目」とは、決算書類の「貸借対照表」を構成する勘定科目のことです。簿記の5要素の「資産」「負債」「資本（純資産）」の科目が該当します。

「損益科目」とは、決算書類の「損益計算書」を構成する勘定科目のことです。簿記の5要素の「収益」「費用」の科目が該当します。

階層を表す数字。クリックすると、その階層より下を折りたたむことができる

勘定科目体系の階層を表示している。たとえば「現金」勘定は、[資産] の中の [流動資産] の中の [現金・預金] 区分に設定されている

◉「科目設定」の画面

弥生会計 プロフェッショナル - 株式会社 黒字商事・第2期(平成29年04月01日-平成30年03月31日) - [科目設定]

ファイル(F) 編集(E) 設定(S) 帳簿・伝票(C) 集計(R) 決算・申告(K) 拡張機能(X) ツール(T) ウィンドウ(W) オプション(L) ヘルプ(H)　　ナビゲー

戻る　進む　勘定作成　補助作成　編集　削除　補助並替　決算項目　　印刷

☑ 補助科目を表示(1)

科目設定

貸借科目 損益科目

1 2 3 4 5	勘定科目	サーチキー英字	サーチキー数字	サーチキー他	貸借区分	税区分	税計算区分	税端数処理	補助必須	決算書項目
[資産]										
[流動資産]										
[現金・預金]	*GENYOKI	*100								
現金	GENKIN	100		借方	対象外		指定なし		現金及び預金	
小口現金	KOGUCHI	101		借方	対象外		指定なし		現金及び預金	
当座預金 [1]	TOUZAYO	110		借方	対象外		指定なし		現金及び預金	
普通預金 [2]	FUTSUUYO	115		借方	対象外		指定なし		現金及び預金	
定期預金 [1]	TEIKIYO	124		借方	対象外		指定なし		現金及び預金	
通知預金	TSUUCHI	120		借方	対象外		指定なし		現金及び預金	
定期積金	TEIKITSU	128		借方	対象外		指定なし		現金及び預金	
郵便貯金	YUUBIN	130		借方	対象外		指定なし		現金及び預金	
現金・預金合計				借方						
[売上債権]	*URIAGES	*140								
受取手形	UKETORI	140		借方	対象外		指定なし		受取手形	
不渡手形	FUWATARI	141		借方	対象外		指定なし		不渡手形	
売掛金 [3]	URIKAKE	142		借方	対象外		指定なし		売掛金	
貸倒引当金(売)	KASHIDAO	149		借方	対象外		指定なし		貸倒引当金	
売上債権合計				借方						
[有価証券]	*YUUKASH	*150								

普通預金 [2件]	サーチキー英字	サーチキー数字	サーチキー他	税区分	税計算区分	税端数処理	非表示
レモン銀行				対象外		指定なし	
オレンジ銀行				対象外		指定なし	

「普通預金」勘定の補助科目

科目名の横の数字は [補助科目] の設定数を表している。勘定科目名をクリックすると、下に補助科目の詳細が表示される

第3章 ● 導入時の初期設定を行おう　75

基礎知識
導入
初期設定
日常入力作業
集計
決算準備
決算
付録

■弥生会計の勘定科目体系はこうなっている

弥生会計の勘定科目体系は、次の図のように階層管理され、それぞれの勘定科目が各区分の末端に設定されています。なお、勘定科目の個数は膨大であるため、ここでは、勘定科目の一部のみをピックアップしています。

図は「法人/一般」の科目体系例ですが、「貸借科目」は「貸借対照表」を構成する「資産」「負債」「純資産(資本)」に属する勘定科目が設定されています。「損益科目」は「損益計算書」を構成する「収益」(売上高、営業外収益、特別利益)と「費用」(売上原価、販売管理費、営業外費用、特別損失)に属する勘定科目が設定されています。科目オプションを追加している場合には、「製造原価科目」「生産原価科目」「不動産損益科目」などが設定されます。

ONE POINT　導入設定が難しいと感じたらガイドパネルを参考にする

弥生会計の導入設定がよくわからない場合、クイックナビゲータのガイドパネルを参考にしましょう。クイックナビゲータの画面は、画面右上の【クイックナビゲータ】ボタンを押すと表示されます。スタートアップガイドをクリックすると、弥生株式会社のホームページの「弥生チャンネル」にリンクし、製品の操作説明を動画で確認することができます(インターネットに接続できる環境が必要です)。

ONE POINT　データテンプレートを利用して事業所データを新規に作成する

弥生株式会社ではホームページ上で業種別テンプレートを提供しています。飲食業、建設業、小売業など、業種特有の勘定科目や取引パターンを設定したデータをダウンロードし、そのテンプレートを利用してデータを新規に作成することができます。テンプレートをダウンロードするには、インターネットに接続できるパソコンで、54ページ(法人の場合。個人の場合は58ページ)の操作例 2 で【データテンプレートを利用してデータを作成する(T)】をONにして 次へ(N)> ボタンをクリックすると、 ダウンロードページへ(D) ボタンが表示されます。このボタンをクリックして弥生株式会社のホームページに進み、自社の業種に合ったテンプレートをダウンロードします。

ONE POINT 勘定科目の初期設定の内容

勘定科目は、事業所データを作成するときに選択した業種により、初期設定の内容が次のようになります。

● 法人データと個人データの違い

	純資産の勘定科目	損益の繰越	損益計算書の区分名	個人専用科目
法人／一般	資本金	繰越利益	売上高、売上原価、販売管理費、…	―
個人／一般 個人／不動産 個人／農業	元入金	元入金	収入金額、売上原価、経費、…	事業主貸 事業主借 専従者給与

※個人事業主データでは、儲けが出れば繰越のときに元入金勘定に加算します。そこから、生活費として引き出したお金（事業主貸）を差し引き、事業資金として提供したお金（事業主借）はプラスします。法人の場合は、儲けや損失が出ても資本金とは分けて「繰越利益剰余金」として繰り越すので、資本金に相殺するようなことはありません。

● 個人／一般、個人／不動産、個人／農業の違い

	個人／一般	個人／不動産	個人／農業
決算書	貸借対照表 損益計算書（一般用）	貸借対照表 不動産所得用損益計算書	貸借対照表 損益計算書（農業用）
オプション	製造原価報告書 不動産所得用損益計算書	―	生産原価報告書 不動産所得用損益計算書

16-1 勘定科目を新規に追加登録する

　弥生会計の勘定科目は、自社の業務に合わせて自由に追加することができます。件数に制限はありません。新規に追加する場合は、どこの区分にその勘定科目を設定するのかを選択し、設定を行います。

　ここでは、「損益科目」の［販売管理費］（個人用データの場合は［経費］）区分に、「ごみ処理費」という勘定科目を追加してみましょう。

※ここでは、クイックナビゲータを表示していることとして解説します。表示されていない場合は　ナビゲータ　ボタンをクリックしてクイックナビゲータを表示してください。

1 クイックナビゲータの「導入」メニューをクリックし、[科目設定]アイコンをクリックします。

第3章 ● 導入時の初期設定を行おう　77

2 「損益科目」タブをクリックし、[販売管理費]区分（個人事業主データの場合は[経費]区分）をクリックします。同じ区分名がいくつか表示されている場合は、一番下の階層の区分を選択します。

3 ツールバーの[勘定作成]ボタンをクリックします。

4 勘定科目名やサーチキーなどを入力し、[登録]ボタンをクリックします。サーチキーの設定については53ページのONE POINTを参照してください。

「消費税設定」で初期表示されている内容を変更する場合は、弥生会計のマニュアルに記載されている「課税方式別税区分・税計算区分一覧」を参照してください。「その他」の設定については右ページのONE POINTを参照してください。

78　第3章 ● 導入時の初期設定を行おう

5 選択した区分の一番下に勘定科目が追加されます。

	1	2	3	4	勘定科目	サーチキー英字	サーチキー数字	サーチキー他	貸借区分	税区分	税計算区分	税端数処理	補助必須	決算書項目	非表示
					諸会費	SHOKAIHI	765		借方	対象外				諸会費	
					支払手数料	SHIHARAI	766		借方	課対仕入	指定なし	指定なし		支払手数料	
					車両費	SHARYOU	767		借方	課対仕入	指定なし	指定なし		車両費	
					地代家賃	CHIDAI	781		借方	課対仕入	指定なし	指定なし		地代家賃	
					賃借料	CHINSHAK	782		借方	課対仕入	指定なし	指定なし		賃借料	
					リース料	RI-SU	768		借方	課対仕入	指定なし	指定なし		リース料	
					保険料	HOKEN	770		借方	対象外				保険料	
					租税公課	SOZEI	783		借方	対象外		指定なし		租税公課	
					支払報酬料	SHIHARAI	771		借方	課対仕入	指定なし	指定なし		支払報酬料	
					寄付金	KIFUKIN	772		借方	対象外		指定なし		寄付金	
					研究開発費	KENKYUU	773		借方	課対仕入	指定なし	指定なし		研究開発費	
					減価償却費	GENKASHO	780		借方	対象外		指定なし		減価償却費	
					長期前払費用償	CHOUKIMA	784		借方	対象外		指定なし		長期前払費用償去	
					繰延資産償却	KURINOBE	785		借方	対象外		指定なし		繰延資産償却	
					貸倒損失(販)	KASHIDAO	786		借方	課税売倒	指定なし	指定なし		貸倒損失	
					貸倒引当金繰入	KASHIDAO	787		借方	対象外		指定なし		貸倒引当金繰入	
					雑費	ZAPPI	789		借方	課対仕入	指定なし	指定なし		雑費	
					ごみ処理費	GOMI			借方	課対仕入	指定なし	指定なし		ごみ処理費	
					販売管理費計				借方						

1 勘定科目が追加されたことを確認する

ONE POINT その他の設定について

「貸借区分」は、増加（発生）した場合、借方・貸方のどちらになるかを設定します（通常は変更しない）。一度登録してしまうと変更できません。法人の場合のみ、「決算書項目」は、決算書に集計する科目を設定します。初期設定では、勘定科目名と同じ名称で決算書項目を追加作成する設定になっています。「補助必須」は、チェックをONにすると、仕訳入力時に補助科目を指定しないときにメッセージが表示されます。「非表示」は、設定した勘定科目を使用しない場合にチェックをONにすると、帳簿や伝票で表示されないようにすることができます。

ONE POINT 項目移動の際の注意点

項目移動時に⏎キーを押してしまうと、 登録 ボタンをクリックしたのと同じ操作になります。項目移動時には Tab キーを押すか、クリックで選択しましょう。

設定の途中で⏎キーを押して登録されてしまった場合、ツールバーの[編集]ボタンをクリックすると「勘定科目の編集」ダイアログボックスが表示されるので、修正を行うことができます（82ページ参照）。

■補助科目の登録

　勘定科目の内訳を管理する必要がある場合、補助科目を登録します。補助科目を登録すると、銀行ごとに金額の増減や残高を確認したり、得意先ごとに売掛残高を確認することができます。たとえば、「普通預金」の補助科目に「A銀行」と「B銀行」という補助科目を設定しておくと、弥生会計の補助元帳と通帳と見比べながら照合できます。また、法人の場合、「弥生会計 17 プロフェッショナル」では「勘定科目内訳書」に情報を連動することができます。さらに、弥生会計は補助科目ごとに消費税設定が可能なので、同じ勘定科目でも補助科目を設定して消費税がかかる項目とかからない項目とを分けて入力することができ、より消費税集計の精度を上げることができます。

　補助科目「交際費1（課税）」「交際費2（対象外）」を登録するには、81ページの要領で、「損益科目」の[販売管理費]区分の「交際費」勘定に設定を行ってください。

　なお、個人データの場合の初期設定では、「交際費」勘定は「損益科目」の「経費」区分の「接待交際費」勘定で設定されています。

16-2 補助科目を追加する

「得意先 銀行等の設定」で追加入力をしている場合、すでに補助科目名が設定されていますが、必要に応じてサーチキーなどの情報を追加しておきましょう。この補助科目を上手に使いこなすことができるようになると、会計ソフトの使いやすさは倍増します。それほど難しくないので、ぜひ使ってみてください。

ここでは、練習として、「貸借科目」の[他流動負債]の「預り金」勘定に、補助科目「源泉所得税」を追加してみましょう。

① 補助科目を設定したい勘定科目名「預り金」をクリックし、ツールバーの[**補助作成**]ボタンをクリックします。

② 補助科目名やサーチキーなどを設定し、[登録]ボタンをクリックします。

SECTION-17

科目の修正や削除を行ってみよう

勘定科目と補助科目の設定は、いつでも修正・削除することができます。科目名を修正すると、すでに入力した取引にも修正結果が反映されます。ただし、税区分と税計算区分の修正結果は、すでに入力してある取引には反映されませんので、年度の途中で消費税に関する設定を修正した場合は注意しましょう。

17-1 科目を修正する

ここでは、練習として、[販売管理費]区分(個人事業主の場合は[経費]区分)の「採用教育費」勘定の名前を「募集費」に修正してみましょう。

1 修正したい勘定科目をクリックし、ツールバーの[編集]ボタンをクリックします。

「決算書項目」は、決算書に表示される科目名です

2 「勘定科目名」を「募集費」に修正し、「サーチキー」を修正して、[OK]ボタンをクリックします。

元に戻す場合は、同様の操作を行って修正してください。なお、勘定科目の名前を変更した場合は、決算書に表示される名前も確認しておきます。変更が必要な場合は253ページを参照してください。

17-2 不要な科目を削除する

　弥生会計にあらかじめ設定されている勘定科目の中には、まず使わないだろうと思われる科目もあることでしょう。科目は多すぎても業務効率が下がるうえ、ミスのもとになります。不要な科目を削除して適当な数まで絞り、見やすくすることも大切です。

　ここでは、練習として、「貸借科目」の[現金・預金]区分の「別段預金」勘定を削除してみましょう。

1　「貸借科目」の[現金・預金]区分の「別段預金」勘定をクリックし、ツールバーの**[削除]**ボタンをクリックします。

2　削除してよいかどうか確認するメッセージが表示されるので、確認してから[はい(Y)]ボタンをクリックします。

第3章 ● 導入時の初期設定を行おう　83

ONE POINT 削除できない科目について

勘定科目の中には、次のように、削除できない科目があります。

■ [削除]ボタンが灰色になってクリックできない科目

- システム固定科目（名称の左側に S ボタンが付いている）
  例）仮払消費税、仮受消費税、複合、未確定勘定、繰越利益（法人）、事業主貸（個人）、事業主借（個人）、元入金（個人）
- 科目区分・区分合計（名称の左側に のボタンが付いている）
- 補助科目が登録されている勘定科目

■ 削除しようとするとメッセージが表示されて削除できない科目

- 当期の仕訳で使用している科目
- 前期繰越残高がある科目（「科目残高入力」で残高を入力した科目）
- 「帳簿・伝票設定」の「伝票」タブで、「入金伝票科目」や「出金伝票科目」に設定されている科目

※かんたん取引入力画面で使用する勘定科目の削除は注意が必要です。現金、当座預金、普通預金、定期預金、売掛金、買掛金は、かんたん取引入力画面で使用する勘定科目です。これらを名称変更や削除してしまうと、かんたん取引入力の該当画面は使用することができなくなります。

ONE POINT 科目の表示順を並べ替えるには

「科目設定」画面では、勘定科目と補助科目の表示順を変更することができます。ここで設定された表示順は、帳簿や伝票入力時の勘定科目選択リストの表示順、各種集計資料の勘定科目の表示順となります。科目を並べ替えるためには、勘定科目名をドラッグ＆ドロップ（36ページ参照）します。ただし、表示順を変更できるのは、勘定科目の場合は同じ区分内、補助科目の場合は同じ勘定科目内に限られます。

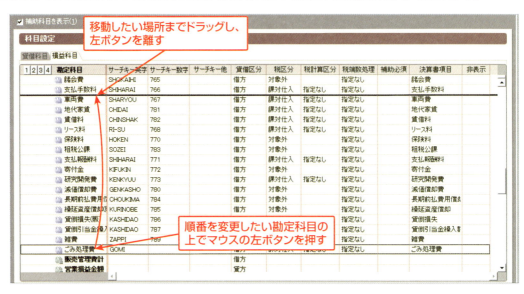

SECTION-18

スタンダード　プロフェッショナル

部門を設定してみよう

　弥生会計では、部門を設定し、仕訳の入力時に部門を指定しておくと、部門別損益計算書などの部門単位での集計表を確認することができます。

18-1　部門を設定する

　部門の階層は、全社（事業所）の下に5階層まで設定することができます。貸借科目も部門別に管理する必要がある場合、残高も部門別に入力を行います。この項では、練習として、次の図のような部門を設定することとします。

1 クイックナビゲータの「導入」メニューをクリックし、[部門設定]アイコンをクリックします。

2 ツールバーの[新規作成]ボタンをクリックします。

第3章 ● 導入時の初期設定を行おう　85

3 部門名に「東京本社」、サーチキー英字に「toukyou」と入力し、[登録]ボタンをクリックします。

サーチキー英字は、ローマ字で入力します。半角英字で8文字まで、大文字小文字は区別されません。

4 操作例 2 〜 3 の要領で、部門名とサーチキー英字が「名古屋工場」と「nagoya」、「大阪支店」と「oosaka」、「福岡支店」と「fukuoka」になるように追加登録します。

5 さらにその下の階層を設定します。下に階層を設定したい部門をクリックし、ツールバーの[新規作成]ボタンをクリックします。

1 「設計部」と入力する
2 半角英字で「sekkei」と入力する
3 クリック

6 部門名に「設計部」、サーチキー英字に「sekkei」と入力し、登録ボタンをクリックします。

7 操作例 5 〜 6 の要領で、部門名とサーチキー英字が「営業部」と「eigyou」、「財務部」と「zaimu」、「総務部」と「soumu」になるように追加登録します。

1 このように追加する

部門の階層が正しく設定できたかを確認します。

第3章 ● 導入時の初期設定を行おう　87

ONE POINT 部門の残高設定の注意点

貸借科目も部門管理を行う場合、各部門ごとに開始残高の登録が必要となります。92ページの要領で「科目残高入力」画面を表示し、左上の**[部門(B)]**から残高を登録する部門を選択して、93ページ以降の要領で入力します。ただし、次のような注意点があります。

■ 下階層の部門の開始残高を入力しても、上位階層の部門には集計されません。個別に設定が必要です。

※日常の仕訳データの入力では、指定した部門の上位部門へ金額が集計されていきます。

■ 画面を閉じるときに、「貸借バランスの差額を「繰越利益」に集計します。よろしいですか?」というメッセージが表示されるので、 はい(Y) ボタンをクリックします。

ONE POINT 部門設定のメリット

部門を設定しておくと、仕訳入力時に、部門を指定することができます。下の画面は損益科目のみ部門管理する場合の振替伝票入力例です。「売掛金」勘定は部門欄が空白になっているので、全社共通の「売掛金」になります。「売上高」は「営業部」部門の売上高で入力してあります。「設計部」「営業部」「財務部」「総務部」に共通の経費は「東京本社」で入力しておくと、東京本社共通の経費として集計され、配賦基準を設定することにより、共通経費の配賦表を作成することができます。

SECTION-19

スタンダード　プロフェッショナル

開始残高を詳細に設定しよう

　日常の入力を開始する前に、開始残高を設定します。開始残高は導入後に入力することもできますが、最新の残高を確認したい場合には設定をしておく必要があります。ここでは、期首から導入する場合を例に、前期の繰越残高のすべてを、「科目残高入力」の画面に入力してみましょう。

※ここでは、69ページの「得意先 銀行等の設定」で「現金」「預貯金」「売掛金」「買掛金」などの開始残高が「科目残高入力」画面に入力されている状態から操作を行うこととして説明します。

■ 新規開業時以外で弥生会計を導入する場合は繰越残高の入力が必要

　新規開業時には、前年度からの繰越残高はありませんので、ここからの残高設定作業は不要です。新規開業時以外で弥生会計を導入する場合は、弥生会計上に開始残高を登録する必要があります。69ページの「得意先 銀行等の設定」画面では、「現金」「預貯金」「売掛金」「買掛金」の残高しか登録できないため、それ以外の勘定科目の残高は、貸借対照表などの資料をもとに「科目残高入力」の画面から登録します。

■ 開始残高を入力するための資料を用意する

　期首の開始残高を入力するには、まず、次に示すような前期の貸借対照表や内訳書などを用意してください。これらの書類をもとに、金額を弥生会計の「科目残高入力」画面に入力していきます。操作例で弥生会計に入力する金額は、次の図の赤枠で囲んであります。次の資料は法人の開始残高登録用の資料です。個人の場合は97ページを参照してください。

●前期の貸借対照表

導入設定ウイザードで入力できなかったこれらの金額を入力する

貸　借　対　照　表

平成29年 3月31日 現在

株式会社 黒字商事　　　　　　　　　　　　　　　　　　　　　（単位： 円）

資　産　の　部		負　債　の　部	
科　　目	金　額	科　　目	金　額
【流動資産】	11,952,000	【流動負債】	4,263,000
現　金　及　び　預　金	6,900,000	支　払　手　形	525,000
売　　　掛　　　金	2,052,000	買　　掛　　金	648,000
商　　　　　　　品	3,000,000	短　期　借　入　金	2,000,000
【固定資産】	12,800,000	未　　払　　金	840,000
【有形固定資産】	12,800,000	預　　り　　金	250,000
建　　　　　　　物	7,500,000	負　債　の　部　合　計	4,263,000
車　両　運　搬　具	3,500,000	純　資　産　の　部	
工　具　器　具　備　品	1,800,000	【株主資本】	20,489,000
		資　　本　　金	10,000,000
		利　益　剰　余　金	10,489,000
		その他利益剰余金	10,489,000
		繰　越　利　益　剰　余　金	10,489,000
		純　資　産　の　部　合　計	20,489,000
資　産　の　部　合　計	24,752,000	負債及び純資産合計	24,752,000

第3章 ● 導入時の初期設定を行おう　　89

● 前期の預貯金等の内訳書

預貯金等の内訳書
①
1 頁

金 融 機 関 名	種 類	口座番号	期末現在高	摘 要
／	現　　金		50,000	
小計　　　　　／			50,000	
レモン銀行　　／中央支店	当 座 預 金	1234567	5,000,000	
小計　　　　　／			5,000,000	
オレンジ銀行　／本店	普 通 預 金	2345678	150,000	
レモン銀行　　／中央支店	普 通 預 金	3456789	1,350,000	
小計　　　　　／			1,500,000	
アップル信用金庫／本店	定 期 預 金	4567890	350,000	
小計　　　　　／			350,000	
／				
／				
／				
／				

導入設定ウィザードで入力済みの情報

● 前期の売掛金の内訳書

売掛金（未収入金）の内訳書
③
1 頁

科　　目	相　　　手　　　先		期末現在高	摘　　要
	名　称(氏名)	所 在 地 (住所)		
売　　掛　　金	カナリヤ貿易	×××××	1,080,000	
売　　掛　　金	すずめ物産	○○○○○	540,000	
売　　掛　　金	うぐいす製作所	△△△△△	432,000	
小　　　　計			2,052,000	

導入設定ウィザードで入力済みの情報

●前期の買掛金の内訳書

ONE POINT 残高入力する勘定科目を補助科目を含めて整理するとこうなっている

貸借対照表をもとにして、各内訳書の内容を補助科目として整理してみると、次のようになります（このような表に整理するには、ある程度の簿記の知識が必要）。

●残高入力例

第3章●導入時の初期設定を行おう　91

19-1　開始残高を手入力する(法人の場合)

　ここでは、前ページで確認した残高のうち、導入設定ウィザードで入力できない勘定科目の開始残高を入力してみましょう。それぞれの勘定科目と、入力する開始残高は、次の通りです。

[資産]→[流動資産]→[棚卸資産]区分
- 「商品」勘定‥‥‥‥‥‥‥‥3,000,000

[資産]→[固定資産]→[有形固定資産]区分
- 「建物」勘定‥‥‥‥‥‥‥‥7,500,000
- 「車両運搬具」勘定‥‥‥‥‥3,500,000
- 「工具器具備品」勘定‥‥‥‥1,800,000

[負債]→[流動負債]→[仕入債務]区分
- 「支払手形」勘定‥‥‥‥‥‥‥525,000

[負債]→[流動負債]→[他流動負債]区分
- 「短期借入金」勘定‥‥‥‥‥2,000,000
- 「未払金」勘定‥‥‥‥‥‥‥‥840,000
- 「預り金」勘定‥‥‥‥‥‥‥‥250,000

[純資産]→[株主資本]→[資本金]区分
- 「資本金」勘定‥‥‥‥‥‥‥10,000,000

1 クイックナビゲータの「導入」メニューの[**科目残高入力**]アイコンをクリックします。

2 ［資産］区分の［流動資産］区分の［棚卸資産］区分の中にある、「商品」勘定の「前期繰越残高」欄に「3000000」と入力し、⏎キーを押します。同様に、［固定資産］区分の［有形固定資産］区分の中にある、「建物」勘定に「7500000」、「車両運搬具」勘定に「3500000」、「工具器具備品」勘定に「1800000」と入力します。

89ページの貸借対照表を見ると、「資産の部合計」が「24,752,000」になっています。操作例 2 では［資産］区分の残高を入力しているので、間違いなく入力されていれば、「科目残高入力」画面右下の「借方残高合計」欄の金額と、貸借対照表の「資産の部合計」の金額が一致します。すべて入力し終わったら、「借方残高合計」欄の金額が、貸借対照表の「資産の部合計　24,752,000」と一致するかを確認しましょう。

第3章 ● 導入時の初期設定を行おう　93

3 [負債]区分の[流動負債]区分の[仕入債務]区分の中にある、「支払手形」勘定に「525000」と入力します。同様に、[他流動負債]区分の中にある「短期借入金」勘定に「2000000」、「未払金」勘定に「840000」と入力します。

4 「預り金」勘定に金額を入力します。この科目には81ページで追加した補助科目が設定されているので、「補助科目」欄の「源泉所得税」に「250000」と入力します。

5 [純資産]区分の[株主資本]区分の[資本金]区分の中にある、「資本金」勘定に「10000000」と入力します。なお、個人事業主で操作する場合、法人でいう「資本金」勘定に相当する勘定科目は「元入金」ですが、「元入金」は自動計算されるため入力は不要です。

6 入力した金額が正しいかを、前期の貸借対照表と照らし合わせて確認します。法人の場合、画面の「繰越利益」欄と「貸借バランス」欄の金額を合計した金額が、貸借対照表の「繰越利益剰余金」と一致するかどうかを確認します。個人事業主の場合、「貸借バランス」欄に自動計算される数字は法人の「資本金」と「繰越利益剰余金」の合計（＝「元入金」）です。本年度の期首の「元入金については98ページのONE POINTで説明している計算式の結果を自動計算して表示します。必ず確認しましょう。

第3章 ● 導入時の初期設定を行おう

7 ツールバーの**[貸借調整]**ボタンをクリックして、 OK ボタンをクリックします。

「貸借バランス」欄の金額が、画面左下の「繰越利益」(個人の場合は「元入金」)に加算され、「貸借バランス」欄は「0」になります。

■個人事業主の場合の開始残高を入力するための資料

個人事業主の場合、法人の「繰越利益」に相当するのが「元入金」です。この元入金が正しく計算できるように、科目残高を入力しましょう。基本的な操作方法は法人の場合（92～96ページ参照）と同じです。

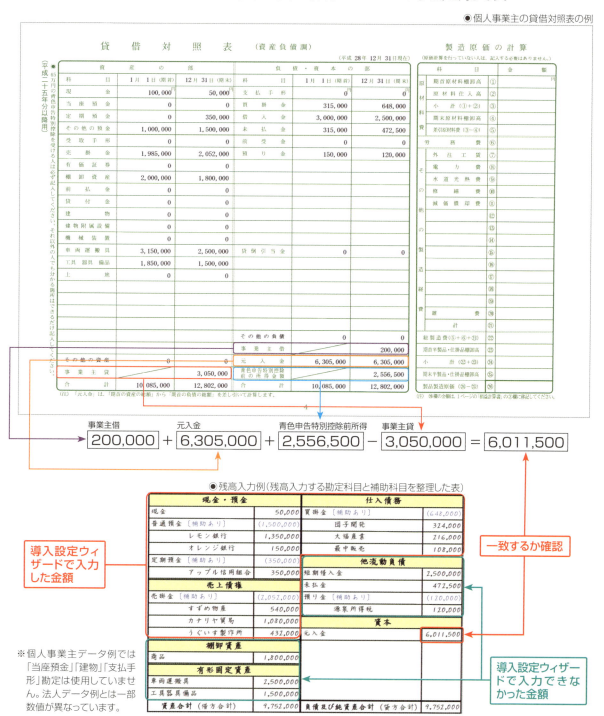

●個人事業主の貸借対照表の例

ONE POINT 貸倒引当金と減価償却累計額を入力する場合の注意点

弥生会計では、「貸倒引当金」「減価償却累計額」勘定科目は、貸借区分が「借方」に設定されています。残高を入力する場合は「−」(マイナス)を付けて入力してください。

ONE POINT 個人事業主の開始残高について

■ 前年度青色申告をしていた場合(貸借対照表を作成していた場合)

前年度に青色申告をしていた場合、青色申告決算書の貸借対照表を見ながら残高を入力します。「元入金」の金額は自動計算されます。

次の計算式で計算した数字と一致するか、必ず確認しましょう。

前期の元入金 ＋ 青色申告特別控除前所得 ＋ 事業主借 − 事業主貸

前年の「元手」に「儲け」をプラスしたものが今年の「元手」になりますが、事業主の生活費に当てたお金や、事業主とのやり取り部分(「事業主貸」勘定、「事業主借」勘定)は今年の開始残高では「0」になるように、相殺して繰り越します。

■ 前年度白色申告をしていた場合、または前年度青色申告で貸借対照表を作成していなかった場合

前年度に白色申告をしていた場合は、貸借対照表を作成していないケースが多いと思います。その場合、開始残高は、「現金」「預金」「売掛金」などの資産、「借入金」や「未払」などの負債の科目について裏付けとなるデータ(現金出納帳、預金通帳、売掛残高一覧表など)から、前年の12月31日現在の残高を拾って入力します。

固定資産の帳簿価格をいくらにすべきかなどがわからない場合は、税理士の先生か最寄りの税務署へお問い合わせください。

■ 今年度新規開業の場合

今年度新規開業の場合は、開始残高の入力は不要です。開業に当たって準備したもの(現金や預金など)を確認し、振替伝票画面等で開始仕訳を入力します。

● 開業にあたり、現金(50,000円)、事業用普通預金口座開設(10,000円)を準備した場合

ONE POINT　期中に弥生会計を導入する場合

　弥生会計の入力を年度の途中から行いたい場合、前期からの繰越残高と今期発生した取引のうち弥生会計導入の前月までの取引を入力しておく必要があります。
　今期発生分については、1件ずつ入力することが困難な場合、残高試算表等の資料を見ながら、ある程度まとめて入力していきます。何通りかの方法がありますが、ここでは代表的なパターンを3つ説明します。前期の貸借対照表や今期の合計残高試算表を用意します。
　1月1日が期首（12月31日決算）の会社データの入力を、4月1日から開始する場合を例にします。

パターン❶　前期の繰越残高を設定し、今期発生分を1カ月ごとに合算して入力する方法

前期の繰越残高入力
（1/1の時点の繰越残高）

振替伝票入力
（1月分合計＋2月分合計＋3月分合計）

4月1日から仕訳入力開始

パターン❷　前期の繰越残高を設定し、今期発生分をすべて合算して入力する方法

前期の繰越残高入力
（1/1の時点の繰越残高）

振替伝票入力
（1～3月分合算）

4月1日から仕訳入力開始

パターン❸　期首からの繰越残高と今期発生分をすべて合算して入力する方法

振替伝票入力
（3月31日時点の残高金額）

4月1日から仕訳入力開始

　期首からすべての仕訳を入力すると、集計資料の作成や消費税の集計等すべて行うことができますが、期中導入の場合は作成できない集計資料などがありますので注意が必要です。
　また、次の点にも注意してください。
- 消費税集計が正しく行えない場合があります。
- 合算した期間の月次資料を確認することができません。
- パターン❸の場合、個人事業主データでは「元入金」勘定の自動計算が行われません。

ONE POINT　科目残高のインポート

勘定科目（補助科目）の期首残高は、カンマで区切られたテキストデータから、弥生会計に読み込むことができます。（インポート）また、「科目残高入力」画面に設定されているデータを、テキストデータとして出力（エクスポート）することもできます。インポートやエクスポートを行う場合は、「科目残高入力」画面を開いた状態で［ファイル(F)］メニュー→［インポート(I)］もしくは［エクスポート(E)］をクリックします。インポートやエクスポートのデータ形式など詳細は、ヘルプメニューもしくはマニュアルをご確認ください。

ONE POINT 補助科目の残高入力欄について

　画面の上の方にある[**補助科目を表示(1)**]がONになっていると、補助勘定科目が設定されている勘定科目を選択したときに、画面の下の方に補助勘定科目の残高の入力欄が表示されます。この入力欄で補助科目の残高を入力すると、勘定科目の残高に自動的に集計されるので、補助科目の残高を先に入力します。

　なお、補助科目の下に、「指定なし」と表示された項目が自動的に設けられますが、これは、勘定科目残高と補助科目残高の合計が一致しない場合の差額を調整するための欄です。「その他」や「諸口」(168ページ参照)の代わりとして使用することも可能ですが、補助科目を指定し忘れた為に「指定なし」欄に自動集計されてくるものと混在してしまうので、「その他」や「諸口」という補助科目をきちんと設定して運用するようにしましょう。

SECTION-20
弥生会計の環境設定を確認・変更してみよう

スタンダード　プロフェッショナル

弥生会計では、「仕訳入力」が日常作業の中心です。いかにミスなく入力できるかが重要なポイントになります。そこで、日常の入力作業を開始する前に、入力しやすい設定を確認してみましょう。

■ 環境設定の変更方法

環境設定については、50ページの「環境設定ウィザード」の操作で設定を行いますが、後からでも必要に応じて変更することができます。後から環境設定を変更する場合は、クイックナビゲータの「導入」メニューの**[環境設定]**アイコンをクリックし、「環境設定」ダイアログボックスを表示します。

ここをクリックする

「環境設定」ダイアログボックスは、次の6つのタブから構成されています。設定を変更した後で、 OK ボタンをクリックすると、すべての画面を閉じる必要があるというメッセージが表示されます。 はい(Y) ボタンをクリックすると、設定の変更が実行されます。

● キー操作・入力

帳簿や伝票入力時の初期表示項目やキー操作の設定、消費税のエラー確認などの設定を行います。

● 選択

サーチキーの設定と選択リストの自動表示を行うかどうかの設定を行います。

● 表示

　入力画面の文字サイズやフォント、色、表示項目などを設定します。文字を変更する場合は、[変更(F)]ボタンをクリックして設定します。ただし、文字サイズはあまり大きくしすぎると画面に表示しきれずに切れてしまう場合があるため注意が必要です。

● データバックアップサービス

　「弥生ドライブ」を設定すると、弥生製品のバックアップファイルやその他のデータをインターネット経由で弥生株式会社のデータセンターに保管したり、ほかのユーザーとファイルを共有することができます（詳細は173ページ参照）。

※インターネットに接続できる環境と、弥生株式会社との「あんしん保守サポート契約」が必要です（334ページ参照）。

● 起動・終了

　起動時に表示するデータや自動バックアップの設定です。

● モジュール

　現在インストールされているモジュールが表示されます。モジュールの読み込みに関する設定では、事業所データを開くときにモジュールも一緒に読み込むかどうかを設定を行います。有効にすると、データの起動に時間がかかりますが、モジュールを起動するときには速くなります。

■ 帳簿や伝票を使いやすく設定する方法

独自の帳簿を作成したり、伝票番号の設定をしたり、帳簿や伝票の画面の初期設定を行うことができます。メニューバーの[設定(S)]→[帳簿・伝票設定(C)]を選択すると、「帳簿・伝票設定」ダイアログボックスが表示されるので、ここで設定を行います。

「帳簿・伝票設定」ダイアログボックスは、次の4つのタブから構成されています。設定を変更した後で OK ボタンをクリックすると、すべての画面を閉じる必要があるというメッセージが表示されます。はい(Y) ボタンをクリックすると、設定の変更が実行されます。

● 帳簿

入力画面の基本構成を設定します。オリジナルの帳簿を作成することもできます。

● 伝票

入出金伝票を入力した際に増減する勘定科目を設定します。

初期設定では現金出納帳はタイプが「元帳」ですが、預金出納帳、売掛帳、買掛帳は、タイプが「補助元帳」になっています。預金、売掛金、買掛金に補助科目を設定していない場合は、タイプを「元帳」に変更しないと使用することができません。

第3章 ● 導入時の初期設定を行おう　103

● 伝票No.

　仕訳入力時の伝票No.をどう付番するかの設定です。

● 入力制限

　仕訳を追加・修正・削除できないようにロックする設定です。弥生会計は、繰越処理を行っても前年度データに入力ができてしまうので、確定した年度は修正できないように設定しておくことができます。

■ ユーザー管理機能の活用

　ユーザー管理機能を利用すると、事業所データにパスワードを設定したり、入力できる人や機能に制限をかけることができます。

● パスワードの設定

　弥生会計の初期設定では、パスワードは設定されていません。必要に応じて、弥生会計を起動したときにパスワードを入力しないと事業所データを開けないようにすることができます。

❶ [ツール(T)]→[ユーザー管理(U)]→[パスワードの変更(P)]を選択します。

❷ [現在のパスワード(O)]欄は空白にし、[新しいパスワード(N)]と[新しいパスワードの確認(C)]欄に任意のパスワードを入力し、OKボタンをクリックします。この後、「パスワードは変更されました。」というメッセージが表示されるので、OKボタンをクリックします。なお、パスワードに使用できる文字は半角の英数字8文字以内です。パスワードは、弥生会計を終了し、次回起動したときから有効になります。

ONE POINT　パスワードを忘れないように注意!

「パスワードを忘れてしまった」という声をときどき耳にします。パスワードを忘れると事業所データを開けなくなるので、注意してください。パスワードは自己責任で、しっかりと管理しましょう。

また、正しくパスワードを入力しているつもりでも、キーボードの「CapsLock」や「NumLock」がONかOFFかによって、パスワード設定時の文字とは違う文字が入力されていることがあるので注意してください。

● 機能制限の設定

すべての機能を使用できる「管理者」の他に、入力担当者用に、機能制限のあるユーザーを新規に追加することができます。

❶ [ツール(T)]→[ユーザー管理(U)]→[ユーザー設定(U)]を選択します。

❷ 「ユーザー設定」ダイアログボックスの 追加(A)... ボタンをクリックします。
❸ ユーザー名とパスワードを設定し、「使用できるメニュー」タブと「使用できる機能」タブ内の項目は、必要に応じてチェックをOFFにします。OFFにした項目は、このユーザー名とパスワードでログインした人はその機能を使用することができません。設定を行ったら 登録 ボタンをクリックし、 閉じる ボタンをクリックすると、すべての画面を閉じるというメッセージが表示されるので、 OK ボタンをクリックします。

なお、ユーザーの追加設定を行う場合は、「管理者」のユーザーにも、左ページの要領でパスワードを設定しておきます。

ONE POINT　「管理者」と「管理者の権限」について

「管理者」とは、弥生会計の初期設定で用意されているユーザーのことで、すべての機能を使用することができます。「管理者」を削除したり、機能に制限を設定することはできません。ユーザー管理やデータの受信を行うことができるのは、「管理者」か、「管理者」と同等の権限(「管理者の権限」)を持ったユーザーのみです。

新規のユーザーに「管理者の権限」を持たせる場合は、「ユーザーの新規追加」ダイアログボックスの**[管理者の権限(A)]**をONにします。

SECTION-21
弥生会計の「事業所データ」を切り替えたり不要なデータを削除してみよう

[スタンダード] [プロフェッショナル]

弥生会計で作成した「事業所データ」は、初期設定では、ログインユーザーの「ドキュメント」フォルダ内の「Yayoi」フォルダ内にある、「弥生会計17データフォルダ」の中に保存されます。弥生会計のソフトウエアは1台のパソコンに1本のソフトウェアをインストールして処理を行いますが、そのパソコン内で複数の会社の「事業所データ」を保存しておき、必要に応じて切り替えて利用することができます。

21-1 表示する「事業所データ」を切り替える

ここでは、現在表示されている「事業所データ」の他にも「事業所データ」が保存されていることとして、その「事業所データ」を開いてみましょう。

1 クイックナビゲータの「事業所データ」メニューをクリックし、[データの選択]アイコンをクリックします。

メニューバーの[ファイル(F)]→[開く(O)]を選択しても同じ操作を行うことができます。

2 現在開いている「事業所データ」には本の形のマークが表示されているので、それ以外の、開きたい「事業所データ」の名前をクリックし、[開く]ボタンをクリックします。

この操作により、「事業所データ」を切り替えることができます。

※弥生会計では、7世代前までの旧バージョンのデータを開くことができます。弥生会計10～12のデータを開く場合は、[その他(P)]のチェックボックスをONにして、リストから対象のバージョンを選択します。

21-2 「事業所データ」を削除する

「事業所データ」は削除することができます。ここでは、不要となった「事業所データ」を削除してみましょう。

1 クイックナビゲータの「事業所データ」メニューをクリックし、[データの選択]アイコンをクリックします。

2 [削除を有効にする(E)]をONにすると、画面右下に 削除(D) ボタンが表示されます。削除したい「事業所データ」をクリックし、 削除(D) ボタンをクリックします。

ここで削除したデータは、Windowsのごみ箱には入らず削除されるので注意が必要です。

3 確認メッセージが表示されるので、問題がなければ はい(Y) ボタンをクリックします。

4 はい(Y) ボタンをクリックします。

この後、 × ボタンをクリックして画面を閉じてください。

ONE POINT　サンプルデータを開いて勉強してみる

　弥生会計をインストールすると、サンプルの「事業所データ」が自動的にパソコン内にインストールされます。サンプルは、「株式会社　弥生トレーディング（法人）」と「文具事務機の弥生商店（個人）」というデータが用意されています。この「事業所データ」を開いて中身を見ることで、入力例を参考にしたり、入力練習用に使用することができます。

　サンプルを開くには、デスクトップの[弥生マイポータル]アイコンをダブルクリックし、製品別メニューの弥生会計より、[ツールとマニュアル]アイコンをクリックして、「サンプルデータ」フォルダ内の[サンプルデータ（個人）]か[サンプルデータ（法人）]をダブルクリックします。「バックアップファイルの復元」ダイアログボックスが表示されるので、復元先を指定し、[復元]ボタンをクリックします。

税理士からのコメント　消費税を意識した会計処理を行うことが大切

　今の会計ソフトはとてもよくできていて、消費税申告書まで作成できるものが多くなっています。もちろん弥生会計でも消費税申告書作成機能が付いています。申告書そのものを作成する操作は非常に簡単ですが、問題はそこではなく「日常の会計処理」です。

　仕訳データ入力の際に、消費税がかかる取引なのか、かからない取引なのかを区分し、また簡易課税方式を選択している場合は、売上事業区分ごとに売上取引を区分して入力することが大切なのです。また、消費税率が変更になった場合、長期請負契約や継続取引など一定の条件のもと、旧税率を適用する経過措置が講じられるものがあるため、内容によって旧税率と新税率の取引が混在するものがあり、税率での区分も必要です。消費税と聞くと「難しい」というイメージがありますが、日常処理に関していえば、前述のような点を注意しながら取引内容に応じきちんと区分した入力ができればそれほど複雑ではありません。わからないことがあればどんどん税理士や税務署に確認しましょう。

税理士からのコメント　補助科目の上手な運用

　勘定科目の内訳を管理する「補助科目」は、設定しておくと、入力した取引を後から集計したり確認するのに役立ちます。「弥生会計 17 プロフェッショナル」や「弥生会計 17 ネットワーク」では「勘定科目の内訳書（法人のみ）」に補助科目ごとの残高を取り込める科目があります。よく見かける例としては、「預金科目」「売掛金」「買掛金」「未払金」「未払費用」「預り金」などに設定するケースがあります。

　販売管理ソフトなどで「売掛金」や「買掛金」の管理を行っているような場合は、会計ソフトでは補助科目は必要ないかもしれませんが、内訳を管理したい科目や、後から集計して傾向を確認したい項目については、補助科目を設定しておくとよいでしょう。また、消費税の税区分や税計算区分を補助科目ごとに分けて設定することもできますので、特に原則課税（本則課税）で計算する場合は便利です。

第4章

帳簿や伝票を
入力してみよう

22	仕訳入力画面の種類と役割について	110
23	仕訳入力の基本操作	113
24	帳簿から入力する方法	115
25	伝票から入力する方法	135
26	辞書機能を活用しよう	143
27	仕訳アドバイザーについて	160
28	入力した取引を確認しよう	165
29	データファイルのバックアップについて	172

SECTION-22

仕訳入力画面の種類と役割について

弥生会計の日常処理の基本は、「仕訳を正しく入力する」ことです。この「仕訳入力」が正確に操作できないと、その先の集計処理や、決算処理も正しい数字が集計されません。ここでは、仕訳を入力するための画面の種類と入力方法を確認していきましょう。

■ 取引を入力することができる画面

弥生会計の日常入力画面は、クイックナビゲータの「取引」メニューにショートカットアイコンが集まっています。入力画面には、簿記がわからなくても簡単に入力ができる「帳簿」形式の画面と、複式簿記の仕訳の形で入力していく「伝票」形式の画面が用意されています。また、「帳簿」形式の画面の中でも、複式簿記において重要な帳簿が「総勘定元帳」「仕訳日記帳」で、これらは「主要簿」と呼ばれています。主要簿に関する説明は165～169ページを参照してください。また同様に、「補助元帳」は「補助簿」とも呼ばれ、主要簿を補完する重要な役割を果たしています。補助簿に関する説明は170～171ページを参照してください。

「4月1日 ○○文具店で事務用品を購入し、1,080円を支払った。」という取引があるとします。この取引を入力することができる画面は、次の7つです。

- 現金出納帳（118ページ参照）
- 経費帳（メニューバーの[帳簿・伝票(C)]→[経費帳(5)]を選択して画面を開く）
- 振替伝票（139ページ参照）
- 出金伝票（138ページ参照）
- 総勘定元帳（167ページ参照）
- 仕訳日記帳（165ページ参照）
- かんたん取引入力（130ページ参照）

同じ取引でも複数の画面で入力することができる場合、どの帳簿・伝票で入力しなくてはいけないという決まりはありません。ただし、二重入力や入力漏れを防ぐためにも、入力しやすい画面を選んで、ある程度自社でルー

ルを作っておくことが必要です。

　1つの画面から取引を入力すると、関係する帳簿すべてに数字が反映されていきます。たとえば、前述の取引を出金伝票で入力した場合、現金出納帳にも数字が自動転記されています。

　主要簿については、直接入力もできますが、入力結果を確認する画面として使用するケースが通常です。

第4章 ● 帳簿や伝票を入力してみよう　111

■ 運用方法の例

ここでは、どの画面からどの取引を入力したらよいかについて、一般的な運用方法の例をご紹介します。

● 「帳簿」画面を中心に入力していく方法（個人事業主や、簿記初心者におすすめ）

現金取引

「現金出納帳」で入力します。

預金取引

「預金出納帳」で入力します。

売掛・買掛取引

「売掛帳」「買掛帳」で入力します。

※預金の現金引き出しや売掛金の預金入金など、どちらの帳簿でも入力できる取引については、あらかじめどちらの帳簿で入力するのかルールを決めておきます。

その他の取引

帳簿で入力しきれないものは「振替伝票」で入力します。

● 「かんたん取引入力」画面を中心に入力していく方法（パソコン操作が苦手で簿記初心者におすすめ）

現金取引、預金取引、売掛・買掛取引

「かんたん取引入力」画面で入力します。

その他の取引

「仕訳アドバイザー」や「振替伝票」で入力します。

● 「伝票」画面を中心に入力していく方法（法人や、ある程度会計処理に慣れた方におすすめ）

現金取引

「入金伝票」「出金伝票」で入力します。

その他の取引

「振替伝票」で入力します。

※会計処理に慣れている事業所（会計事務所など）は、すべての取引を振替伝票で入力しているところも多くあります。この方法はすべての取引を同じ画面で入力でき、他の帳簿などで修正や削除ができないため、一元管理を行うことができるなど、管理しやすくメリットが大きいといえます（139ページ参照）。

SECTION-23

スタンダード　プロフェッショナル

仕訳入力の基本操作

ここでは、帳簿と伝票で共通の基本的な操作について確認しましょう。

■ マウス操作とキーボード操作について

入力の方法は主にマウスを使用して入力する方法と、マウスをほとんど使用せずにキー操作で行う方法があります。入力しやすい方法を選択しましょう。マウスを使用しないで入力を行う場合、次のキーを使用します。

操　作	使用するキー
項目の移動	[Tab]キー、または[↵]キー
項目の移動（戻る）	[Shift]+[Tab]キー
選択リストの表示	[F4]キー
選択リストを消す（表示しない）	[Esc]キー

※ ▼ボタンが表示されている項目は、クリックするか[F4]キーを押すと選択リストを表示することができます。また、項目を移動した際に、選択リストを自動で表示するかどうかは「環境設定」で設定することができます。

■ 日付の入力

● マウス操作の場合

日付欄の右の▼ボタンをクリックするか、日付欄が選択されている状態で[F4]キーを押すとカレンダーが表示されます。月を切り替え、日付をクリックします。

● 直接入力の場合

直接数字を入力します。たとえば、4月1日の場合、「0401」「401」「4/1」のどの書式でも入力できます。また、帳簿上部の期間の任意の月をクリックすると、月の指定を行えるので、日にちだけ手入力して指定することも可能です。

月を進める

月を戻す

今日の日付へ

第4章 ● 帳簿や伝票を入力してみよう　113

■ 金額の入力

金額欄で直接数字を入力しますが、▼ボタンをクリックするか F4 キーを押すと電卓を表示することができるため、電卓での計算結果を入力することができます。

また、キーボードの , キーか / キーを押すと、「000」（0を3桁）と入力することができます。百万円を入力する場合、1 , , もしくは 1 / / と入力すると「1,000,000」が表示されます。

■ 項目の選択

勘定科目、補助科目、部門などを入力する場合、マウスで ▼ ボタンをクリックし、表示したドロップダウンリストの中から探して選択することもできますが、たくさんある候補の中から探し出すのは大変です。項目を表すキーワードとして設定された「サーチキー」を入力して選択する方法が便利です。

「サーチキー」で選択する方法は、「フィルタ方式」と「ジャンプ方式」があります。「フィルタ方式」は入力したサーチキーを持つ候補を表示し、だんだん絞り込んでいく方式です。候補が画面にすべて表示されるのでわかりやすいといえます。「ジャンプ方式」は入力したサーチキーを持つ項目の候補にジャンプする方式です。初期設定ではフィルタ方式が設定されています。また、サーチキーのマッチング方式として「前方一致」と「部分一致」の設定があります。方式を変更する場合は、クイックナビゲータの「導入」メニューをクリックし、**[環境設定]** アイコンをクリックして、「環境設定」ダイアログボックスの「選択の設定」タブをクリックし、**サーチキー入力の設定(T)** で設定します。「サーチキー」については53ページを参照してください。

● サーチキー英字を使用した入力例

サーチキー英字を使用して「消耗品費」を選択したい場合は、次のように操作します。

フィルタ方式（前方一致）の場合

「SHO」と入力すると、「SHO」から始まるサーチキーを持つ科目を一覧表示します。入力する文字が多ければそれだけ絞り込みをかけることができます。

フィルタ方式（部分一致）の場合

「SHO」と入力すると、サーチキーに「SHO」を含む科目のうち、昇順で候補を一覧表示します。勘定科目だけでなく、科目区分も含めて検索するので、探しにくい場合は「前方一致」に変更するとよいでしょう。

SECTION-24

スタンダード　プロフェッショナル

帳簿から入力する方法

　帳簿の画面では、「借方」「貸方」を意識しなくても入力が可能です。帳簿で入力した仕訳は「仕訳日記帳」画面で複式簿記の仕訳の形に変換されるため、簿記初心者の方には入力しやすい画面構成です。

■ 帳簿の特徴

　帳簿画面で入力できる仕訳は「借方」と「貸方」が1対1（借方も貸方も1行ずつ、という意味）となる取引です。簿記がわからなくても入力しやすい、日付順に残高を確認しながら入力できる、他の帳簿でも修正削除ができるという特徴がありますが、複合仕訳（「借方」と「貸方」が1対1にならない仕訳）を入力できない、補助元帳のタイプの入力画面では、いちいち画面を切り替える必要があるなどのデメリットもあります。なお、弥生会計では、入力した仕訳をいつでも修正したり削除したりすることができます。また、仕訳の修正や削除は、関連する帳簿や資料に自動的に反映されます。
　弥生会計の帳簿には、次のような種類があります。

- ● 現金出納帳　　● 預金出納帳　　● 売掛帳　　● 買掛帳　　● かんたん取引入力
- ● 総勘定元帳　　● 補助元帳　　● 仕訳日記帳　　● 経費帳

　クイックナビゲータにアイコンがない場合（経費帳など）、メニューバーの**[帳簿・伝票(C)]**から選択します。

クイックナビゲータに用意されている帳簿のアイコン

帳簿や伝票を表示できるメニュー

第4章 ● 帳簿や伝票を入力してみよう　115

■ 帳簿の画面の見方

各帳簿の画面でボタンの機能などは共通です。帳簿の画面の見方は次の通りです。

● 部門を設定していない場合の画面

番 号	機 能
❶	選択した仕訳を削除する
❷	入力した仕訳をさまざまな条件で検索することができる。検索状態を解除する場合は[検索解除]ボタンをクリックする
❸	仕訳の行を選択してクリックすると、その取引の仕訳画面が表示される(帳票入力仕訳の場合は「仕訳日記帳」画面が表示され、伝票入力仕訳の場合は入力元の伝票画面が表示される)
❹	スマート取引取込で取り込んだ仕訳の元データに連携して取引内容を確認する
❺	入力画面のサイズを大きくしたり、画面に初期表示する項目を選択する
❻	クリックするとMicrosoft Excelにデータを書き出すことができる
❼	総勘定科目や、補助科目を追加・修正・削除できる「科目設定」画面へジャンプする
❽	入力した仕訳の貸借金額を照合する
❾	表示している帳簿を印刷する
❿	各項目でキーワードによる絞り込みをかける
⓫	今日入力した仕訳のみを絞り込む
⓬	月度を選択することができる
⓭	指定した日付にジャンプする
⓮ ※	部門を設定している場合のみ3段目が表示される
⓯	仕訳を選択することができる(行セレクタ)
⓰	通常の仕訳と分けて決算整理仕訳として入力する場合に「決算」を選択する
⓱	当座預金の残高調整表を作成する項目の場合にチェックを付ける
⓲	付箋は2種類(各5色)付けることができる
⓳	取引の日付を入力する
⓴	伝票番号が自動で設定される(初期設定では通期での自動連番)
㉑	相手方の勘定科目を入力する(現金出納帳の場合、「現金」勘定が「自分方」となり、現金を増減させる原因となった勘定科目が「相手方」となる)
㉒	上に入力した勘定科目に補助科目が設定されている場合に補助科目を入力できる
㉓ ※	特定の部門の取引の場合に部門を入力する(部門が設定されている場合のみ)
㉔	摘要(取引の詳しい内容)を入力する
㉕	自分方(現金出納帳の場合は「現金」勘定)に補助科目がある場合に補助科目を入力できる
㉖ ※	自分方の部門を入力できる(部門が設定されている場合のみ)
㉗	入力した相手勘定科目と取引日付によって税区分と消費税率が自動でセットされる(修正可)
㉘	借方金額を入力する(現金出納帳では収入金額)
㉙	貸方金額を入力する(現金出納帳では支出金額)
㉚	仕訳を入力すると、消費税の設定によって、消費税額が自動で計算される
㉛	現在画面に表示されている一番上の残高よりも1つ前の残高の状態を表示する(この例では一番はじめに入力した取引のため、開始残高が表示されている)
㉜	現在の残高が自動で表示される
㉝	仕訳メモ(請求書などの交付を受けられないやむを得ない理由など)を記入する

※部門の設定は、「弥生会計 17 プロフェッショナル」「弥生会計 17 ネットワーク」のみの機能です。

第4章 ● 帳簿や伝票を入力してみよう　117

■ 帳簿の文字サイズについて

　帳簿の文字サイズを変更することができます。102ページの要領で変更する他に、帳簿の画面ではツールバーの[**サイズ切替**]ボタンをクリックするだけで、文字サイズが大きい画面に切り替えることができます。文字サイズが大きい画面では、[**サイズ切替**]ボタンをクリックする前の状態と比較して125%大きい文字で表示されます。この画面では、入力に最低限必要な項目のみ表示されます。「付箋」「決算」「調整」「仕訳メモ」欄などは表示されません。ツールバーの[**表示設定**]ボタンをクリックすると、「項目の表示設定」ダイアログボックスが表示され、表示する項目を設定することができます。

●初期設定の文字サイズの状態

●文字サイズを大きくした状態

■ 現金出納帳に入力する内容

　現金出納帳は現金取引のみを入力する帳簿です。現金出納帳には、次のような内容を入力します。

24-1 仕訳を入力する

ここでは、「4月1日 （総務部で）事務用品を1,080円購入し、代金は現金で支払った」という取引を入力してみましょう。

1 クイックナビゲータの「取引」メニューをクリックし、**[現金出納帳]** アイコンをクリックします。

2 日付を入力して⏎キーを押すと、カーソルが「仕訳辞書」欄に移動します。「仕訳辞書」欄にはよく使う仕訳のパターンが設定してあり、クリックして選択することも可能ですが、ここではこの機能は使わず入力するため、さらに⏎キーを押します。

「仕訳辞書」機能の詳細については146ページを参照してください。

3 「相手勘定科目」で「事務用品費」を選択します。ここでは、サーチキー「JIMUYOU」を使用して選択します。「JIM」まで入力すると「事務用品費」が選択されるので、⏎キーを押して確定します。

サーチキー他を使用している場合は、日本語入力モードに切り替え「ジムヨウヒヒ」と入力し、⏎キーを押します。サーチキー数字を使用している場合は、勘定科目コードを入力します。初期値で「事務用品費」のコードは、法人データは761、個人データは711で設定されています。

4 ⬇キーを数回押して「総務部」を選択し、⏎キーを押して確定します。「総務部」部門に設定されているサーチキー（SOUMU）を入力してもかまいません。

部門を設定していない場合、または「弥生会計 17 スタンダード」の場合（部門の設定はできない）、操作例 **5** の操作を行ってください。

5 カーソルが「摘要辞書」の選択リストに移動します。入力したい摘要をリストから選択して入力することができますが、直接入力するには、⏎キーか Esc キーを押してリストを閉じ、「○○文具店　事務用品購入」と入力して⏎キーを押します。カーソルが「部門」に移動するので、再度⏎キーを押します。

摘要は取引内容を簡潔にまとめ、支払先や内容をわかりやすく入力しましょう

部門を設定していない場合は、⏎キーは1度押すだけで「支出金額」に移動します。

6 「1080」と入力し、⏎キーを押すと次の行へカーソルが移動し、仕訳が1件登録されます。

次の行にカーソルが移動した時点で登録が完了します。残高がきちんと計算されているか、確認しましょう。

ONE POINT　勘定科目一覧表の印刷

　勘定科目の一覧表を印刷することができます。よく使う勘定科目のサーチキーを確認するのに便利です。また、「サーチキー数字」を使用する場合は、勘定科目コード一覧表になるので、確認しておくとよいでしょう。勘定科目一覧表を印刷するには、ツールバーの**[科目設定]**ボタンをクリックし、右上の**[印刷]**ボタンをクリックして、印刷の書式を設定して印刷を実行します。

第4章 ● 帳簿や伝票を入力してみよう

ONE POINT　データの並べ替え

　弥生会計では自動的に日付で並べ替えが行われるため、日付順に入力する必要はありません。日付を前後して入力していくと、残高は入力順で暫定表示されますが、いったん現金出納帳を閉じて、再度開くと並べ替えが行われた状態になります。

　なお、画面を閉じずに並べ替えを行う場合は、何通りかの方法がありますが、 ジャンプ(M) ボタンをクリックして任意の日付をクリックするか、[期間(O)]で任意の月度を選択すると即座に並べ替えが行われます。

ONE POINT 消費税の処理

消費税設定を行い、仕訳入力を行うと、消費税が自動計算されます。消費税処理では気を付けるポイントがいくつかあります。

※「消費税設定」で、事業者区分が免税の場合や、経理方式で「税込」を選択した場合は、消費税を仕訳入力画面で確認したり、消費税額を修正することはできません。
「消費税設定」の経理方式が「税抜」の「内税入力」の場合、仕訳の金額をクリックすると、その金額に含まれる消費税分を下の段の「(」に続けて表示します。「税抜」の「外税入力」の場合、仕訳の金額をクリックすると、その金額にかかる外税額を下の段にそのまま表示します。「税抜」の「別記入力」の場合、消費税仕訳は手入力となるため、自動的には表示されません。
「消費税設定」の経理方式が「税込」の場合、現金出納帳や総勘定元帳などの画面で、右上にある[税抜/税込切替(Z)]から「税抜」を選択して、仕訳の金額をクリックすると、その金額に含まれる消費税分を下の段の「(」に続けて表示します。

※消費税の税率は、取引日付によって最新の料率の税区分が自動判定されています。初期設定では旧税率を使用することも可能なので、旧税率を適用する取引を入力する場合は税区分のドロップダウンリストから該当税率の税区分を選択します。

■ 本則課税の場合

すべての取引を入力する際に、その取引は消費税がかかるかどうかを考えながら入力します。たとえば、「交際費」の中で「お祝い」などの慶弔費に当たるものは消費税の課税対象外取引です。仕訳できちんと処理されているかを確認しながら入力作業を進めましょう。

●消費税の課税対象外の取引

※ここでは、80ページの要領で、「交際費」勘定に補助科目「交際費2(対象外)」を設定していることとします。

■ 簡易課税の場合

　簡易課税の場合、消費税計算に関係してくるのは「売上高」などの収益の項目と、車両など固定資産の売却があった場合です。「売上高」や「雑収入」などの取引を入力する際は、その取引が消費税の対象になるのか、なるとしたら特に事業区分はどの区分に相当するのかを確認しながら入力作業を進めましょう（297ページ参照）。

●簡易課税の場合の取引例

24-2　仕訳を修正する

　仕訳を修正する場合、修正したい箇所を直接クリックし、上書き修正します。ここでは、現金出納帳で入力した「4月1日　事務用品代1,080円を現金で支払った」という取引の金額を1,260円に修正してみましょう。

1　金額欄をクリックして数字を「1260」に修正し、⏎キーを押します。次の行にカーソルが移ると、残高も自動修正されます。日付・勘定科目・摘要の修正も同様に、修正したい箇所を直接クリックして、上書きで修正を行うことができます。

　ジャンプ ボタンを利用すると、該当する日付の仕訳まで直接ジャンプすることができます。[期間(O)]で月度を選択し、ジャンプ ボタンをクリックして表示されるカレンダーの日付をクリックすると、その日付で登録されている仕訳までジャンプします。

24-3 仕訳を削除する

　仕訳を削除する場合、削除したい行をクリックして、ツールバーの[削除]ボタンをクリックします。一度削除すると元には戻せません。必ず確認してから削除してください。ここでは、現金出納帳で入力した仕訳を削除してみましょう。

1 削除したい行を選択し、ツールバーの[削除]ボタンをクリックします。

カーソルは削除したい行のどこにあっても大丈夫ですが、選択リストが出ていたら閉じてください。

2 [はい(Y)]ボタンをクリックします。

ONE POINT　複数の仕訳をまとめて削除する方法

　複数行を一度に削除するには、まず範囲指定をします。行セレクタ（画面の一番左の細い列）をドラッグして範囲指定するか、連続していない場合は Ctrl キーを押しながら行セレクタをクリックして選択し、ツールバーの[削除]ボタンをクリックします。

ONE POINT　仕訳を削除・挿入する別の方法

仕訳を削除・挿入するには、操作例で解説したツールバーのボタンを利用する他に、次の方法でも行うことができます。次の操作は、該当の行を選択してから実行します。

- マウスの右ボタンをクリックしてショートカットメニューから実行する
- メニューバーの[編集(E)]メニューから選択する
- ショートカットキーを使用する

仕訳の削除・挿入でよく利用するショートカットキーは、右の通りです。

操作	ショートカットキー
行切り取り	Ctrl + K
行コピー	Ctrl + L
行貼り付け	Ctrl + Y
新規行挿入	Ctrl + Insert
行削除	Ctrl + Delete
前行項目複写	Ctrl + F

※ Ctrl (コントロール) キーを押しながら各キーを押す操作です。ドロップダウンリストが表示されていない状態で操作してください。

税理士からのコメント　個人事業主特有の取引について

個人事業主の場合、現金や預金で経費に計上できないプライベートな支払をするケースや、個人の通帳から事業用の資金を補填したり、事業の収入にならない入金等の取引が発生するケースがありますが、その場合、「事業主貸」「事業主借」という勘定科目を利用して処理します。

預金出納帳や経費帳の入力例をご確認ください。

●預金出納帳の入力例

※支払方法を限定せず、経費の勘定科目を基準に入力する帳簿が経費帳です。

●経費帳の入力例

※経費帳はメニューバーの[帳簿・伝票(C)]→[経費帳(5)]より開きます。

■ 預金出納帳の表示方法

預金出納帳は、預金取引を入力する帳簿です。預金出納帳を表示するには、クイックナビゲータの「取引」メニューの**[預金出納帳]**アイコンをクリックします。弥生会計の初期設定では、補助科目を設定し入力していく「補助元帳」として設定されているため、預金の勘定科目(「当座預金」勘定など)に補助科目を設定していないとそのままでは使用できません。これは通帳ごとの補助科目単位で管理した方が使いやすい、という開発者側の配慮かもしれません。なお、補助科目を設定せずに運用する場合には、「帳簿・伝票設定」ダイアログボックス(103ページ参照)で設定を「元帳」に変更しましょう。

■ 預金出納帳に入力する方法

預金出納帳に入力するには、まず「勘定科目」と「補助科目」を選択します。画面例では「普通預金」の「レモン銀行」の帳簿が表示されています。

入力操作は現金出納帳と同じです。入力後の残高が「普通預金」の「レモン銀行」の通帳と一致するかを照合していきます。

他の預金口座の取引を入力する場合は、「勘定科目」と「補助科目」を切り替えます。

※他の帳簿や伝票画面から入力した「普通預金/レモン銀行」の取引については、すでに反映されています。二重入力にならないように気を付けましょう。

■ 預金出納帳の入力例

たとえば、次の3つの預金取引を入力すると、画面上では次のようになります。
- 4月5日　電話料金5,800円が普通預金レモン銀行より引き落とされた
- 4月10日　駐車場代15,000円が普通預金レモン銀行より引き落とされた
- 4月10日　普通預金レモン銀行に得意先すずめ物産より、50,000円の売掛金の入金があった

■ 売掛帳・買掛帳について

　売上や仕入の計上には、「発生主義」と「現金主義」という2通りの方法があります。小売店などで売上＝現金預金の入金、仕入＝現金預金の出金となるような場合には「掛」は発生しませんが、多くの会社では得意先や仕入先と取引条件を決め、月に1回まとめて売上請求書を発行したり、仕入請求書を受け取ったりしています。

　弥生会計では、発生主義で会計処理を行う場合の「掛残高」を管理する帳簿として「売掛帳」と「買掛帳」が用意されています。クイックナビゲータの「取引」メニューの**[売掛帳][買掛帳]**アイコンから画面を開きます。

128　第4章 ● 帳簿や伝票を入力してみよう

● 売掛帳

「売掛金」勘定に設定された補助科目（得意先）ごとに売上（売掛金の発生）と回収（売掛金の回収）を記帳していく帳簿です。

● 買掛帳

「買掛金」勘定に設定された補助科目（仕入先）ごとに仕入（買掛金の発生）と支払（買掛金の支払）を記帳していく帳簿です。

「帳簿・伝票設定」では、「補助元帳」として初期設定されていますので、「売掛金」「買掛金」に補助科目を設定していないと、そのままでは使用することができません。売掛帳、買掛帳共に入力方法は他の帳簿と共通です。まず「補助科目」を選択し、取引を入力します。

●売掛帳

■ 売掛帳の入力例

たとえば、次の取引を売掛帳に入力すると、画面上では次のようになります。
- 4月30日　うぐいす製作所へ4月分の売上請求書を発行した（108,000円）
- 取引条件は末締翌々月20日振込（普通預金　レモン銀行）支払である
  （4月請求分の入金は6/20予定）
- 振込手数料432円は当方の負担であり、手数料分は差し引かれて入金となる

発生主義の場合の仕訳の入力例

原則は、現預金の入金にかかわらず、売上が実現（納品し、代金を請求する権利が確定）した時点で売上を計上します

第4章 ● 帳簿や伝票を入力してみよう　129

現金主義の場合の仕訳の入力例

売上が実現した時点では処理せず、現預金の入金時に売上を計上する方法です

なお、「現金主義の場合の仕訳」では、預金出納帳か振替伝票を使用して入力します。預金出納帳では、差引入金額のみを売上計上するのではなく、いったん請求額全額が入金され、そこから振込手数料を支払った形で入力します。

ONE POINT 「かんたん取引入力」画面の使用

「簿記もパソコン入力操作も苦手という方におすすめなのがこの画面です。まず、「収入」「支出」「振替」から取引の種類を選択し、「取引日」「取引手段」「相手勘定」「摘要」「金額」を入力し、[登録]ボタンをクリックします。「取引手段」や「相手勘定」の入力が不安な場合は、取引名(D)の右側に取引のキーワードを入力し、取引を検索することができます。入力すると画面下の仕訳プレビュー画面で仕訳を確認することができますので、簿記がわからなくても入力することができます。ただし、修正や削除は[今日の取引を確認]ボタンをクリックして表示される画面（仕訳日記帳）で行う必要があり、同じ画面で確認することができません。また、部門を指定することはできず、すべての取引を入力できるわけではないというデメリットもあります。

● 「かんたん取引入力」画面

取引の内容を登録した後でここをクリックすると・・・

●仕訳日記帳面

税理士からのコメント　現金主義と発生主義について

　白色申告を選択している個人事業者からの話の中で、よく聞くのが「入金があったときに売上にしている」というものです。要は「お金が動かなきゃ帳簿に書かない」ということですね。
　これは「現金主義」といって、通常は一定の場合を除き、認められていません。
　帳簿記入については、一般的には「発生主義」となります。発生主義とは、現金の収受に関係なく取引が「発生」した段階で帳簿記入を行います。また、手数料等が差し引かれて入金される場合、売上と経費は総額で計上しなければなりません（実際に入金となった金額のみを売上とすることはできません）。特に、12月～1月の年度をまたぐ動きがある取引については注意が必要です。

■入力した仕訳の検索と印刷

　入力した仕訳は条件を設定して検索を行うことができます。検索方法はどの帳簿でも共通の操作になります。

● 絞り込み機能を使った検索

　画面左上の[絞り込み機能を使う(1)]をクリックしてONにすると、▼ボタンの付いた項目が表示され、項目に条件をキーワードのように入力することで、仕訳を検索することができます。

●現金出納帳

たとえば、摘要に「A社」という文字が含まれている仕訳を検索する場合は、次のように操作します。

❶ 摘要の絞り込み項目入力欄に「A社」と入力し、[Enter]キーを押します。
❷ 該当の仕訳が絞り込まれ、一番下の欄に絞込件数と絞込合計金額が表示されます。

検索する文字列は、大文字・小文字は別の文字として認識されます。該当の文字が探せない場合はもう一度確認しましょう。条件をクリアしたい場合は**[絞り込み機能を使う(1)]**をOFFにします。

● [検索]ボタンを使った検索

「絞り込み機能」での検索は特定の文字列を含むピンポイントの検索なので、ある程度範囲を持たせて検索したいような場合は、帳簿画面のツールバーの**[検索]**ボタンを使って「仕訳の検索」ダイアログボックスを表示すると、さまざまな条件を設定して仕訳を検索することができます。検索状態を解除する場合は、**[検索解除]**ボタンをクリックすると条件が何も設定されていない状態に戻ります。

[検索]ボタンをクリックして表示される「仕訳の検索」ダイアログボックスには3つのタブがあり、条件の設定方法を変更できます。各タブで検索したい条件を入力し、OKボタンをクリックします。

●「基本」タブ

●「消費税」タブ

伝票No、日付、科目、摘要などの条件を設定する

消費税の税区分などの条件を設定する

●「詳細」タブ

付箋の有無や、どこから入力した仕訳かなどの条件を設定する

帳簿には「付箋」(2種類各5色)を付けることができます。後から確認したい取引や、税理士の先生に相談が必要な部分などは、色分けして付箋を付けておくとよいでしょう

検索機能では、金額、摘要、勘定科目などの条件以外にも、次のようなさまざまな角度から検索ができます。

● 消費税に関するデータを利用した検索
● 付箋機能を使った検索(付箋は2種類各5色ある)
● 入力日付を使った検索(日付は伝票日付と入力日付の2種類がある)

　もちろん、それぞれを組み合わせて使うこともできるため、高度な検索も簡単に行うことができます。さらに検索条件を保存することができるため、繰り返して検索するときなどに大きな威力を発揮します。

第4章 ● 帳簿や伝票を入力してみよう　133

■帳簿の印刷

帳簿の印刷は、画面右上のツールバーの**[印刷]**ボタンをクリックし、「印刷」ダイアログボックスで設定して印刷します。「書式」「プリンター」「印刷範囲」「期間」などを確認し、 OK ボタンをクリックします。専用帳票を使用する場合は余白の設定をしてください。余白や印刷方法などの詳細設定は、 書式の設定(S)... ボタンをクリックし、「書式の設定」ダイアログボックスの各タブで設定を行います。

SECTION-25

スタンダード　プロフェッショナル

伝票から入力する方法

弥生会計では、「入金伝票」「出金伝票」「振替伝票」の3つの伝票画面が用意されています。伝票は複式簿記本来の「仕訳」作業が伴うため、難しいイメージがありますが、さまざまなメリットもあります。帳簿入力に慣れてきたら、頑張って伝票入力にも挑戦してみましょう。

■ 伝票の特徴

伝票入力は、帳簿入力と大きく違う点が何点かありますので確認しておきましょう。

● 「1つのまとまりのある」取引を1枚の伝票に入力する

帳簿のように、取引を続けて入力していく画面ではありません。「1つのまとまりのある」取引を1枚の伝票に入力します。次の取引は、また次の伝票に入力します。

● 複合仕訳（1対1ではない取引）を入力できる

原因と結果（借方と貸方）が1対1にならない取引（複数行にまたがる取引）を入力することができます。帳簿では、借方と貸方が1対1の取引しか入力できませんでしたが、伝票画面では複合仕訳を入力することができます（139ページ参照）。

● 残高を確認しながら入力することはできない

現金出納帳での入力は、現金の残高をすぐ確認しながら入力ができます。伝票では残高の確認はできないため、入力後、帳簿で確認作業を行います。

● 他の帳簿では修正できない

伝票で入力した仕訳は、伝票画面でしか修正・削除することはできません。このため、他の帳簿でうっかり変更してしまうということはありません。帳簿から取引を確認することができますが、修正や作業を行う場合は、ダブルクリックして振替伝票画面に戻って修正・削除を行います。

●「弥生形式」振替伝票の画面入力例

借方勘定科目	借方金額	貸方勘定科目	貸方金額	摘要	
借方補助科目	消費税額	貸方補助科目	消費税額	借方税区分	貸方税区分
借方部門		貸方部門			
短期借入金	100,000	普通預金	100,000	レモン銀行　借入返済	
		レモン銀行			

●「コクヨ形式」振替伝票の画面入力例

借方金額	借方勘定科目	摘要		貸方勘定科目	貸方金額	
消費税額	借方補助科目	借方税区分	貸方税区分	貸方補助科目	消費税額	
	借方部門			貸方部門		
100,000	短期借入金	レモン銀行　借入返済		普通預金	100,000	
				レモン銀行		

※伝票画面は、コクヨ形式のレイアウトと弥生形式のレイアウトがあり、「環境設定」画面で選択します。

第4章 ● 帳簿や伝票を入力してみよう　135

■ 伝票の画面の見方

伝票の画面の見方は次の通りです。帳簿の画面と違う部分を確認しましょう。

※ここでは、弥生形式のレイアウトで、文字サイズが大きめの画面サイズで表示しています。伝票のレイアウトの形式は「環境設定」画面で選択します。画面の文字サイズはツールバーの[**サイズ切替**]ボタンをクリックして変更します。

番号	機能
❶	新規の伝票入力画面へ移動する
❷	最初の伝票へ移動する
❸	1つ前の伝票へ移動する
❹	1つ次の伝票へ移動する
❺	最後の伝票へ移動する
❻	借方・貸方の合計や貸借バランスを表示する
❼	伝票種類を切り替える
❽	作成した伝票を登録する
❾	伝票を印刷する
❿	よく出てくる伝票のパターンを登録し、呼び出すことができる（151ページ参照）
⓫	よく出てくる仕訳（1対1の仕訳）のパターンを登録し、呼び出すことができる（146ページ参照）

■ 入金伝票について

　入金伝票は現金の収入があった際に起票する伝票で、「借方」勘定科目が「現金」に固定されています。日付、「貸方」の科目（現金が増加する原因となった科目）、金額、摘要を入力します。

● 入金伝票の入力方法
　次の取引を入金伝票に入力するには、次のように操作します。
- 4月10日　現金売上分は120,000円であった

❶ 日付を入力します。

❷ 「相手勘定科目」には「売上高」と入力します。帳簿入力と同様、サーチキー英字の場合、「URIAGE」と入力すると「売上高」が表示されるので、⏎キーを押します。部門を設定している場合は選択します。

❸ 金額、摘要を入力します。

❹ 入力が終了したら、ツールバーの[登録]ボタンをクリックするか、F12キーを押します。

　　※[登録]ボタンをクリックするときには、相手勘定科目や摘要などのドロップダウンリストが表示されていない状態で操作してください。

※現金取引を「現金出納帳」から入力している場合は「入金伝票」「出金伝票」画面を使用する必要はありません。

■ 出金伝票について

　出金伝票は現金の支出があった際に起票する伝票で、「貸方」勘定科目が「現金」に固定されています。日付、「借方」の科目（現金が減少する原因となった科目）、金額、摘要を入力します。

● 出金伝票の入力方法
次の取引を出金伝票に入力するには、次のように操作します。
● 4月15日　社長の大阪出張のため10,000円仮払いした

❶ 伝票を出金伝票に切り替えます（クイックナビゲータが表示されている場合は「取引」メニューの[出金伝票]アイコンをクリック、他の伝票が表示されている場合はツールバーの[出金伝票]ボタンをクリック）。

❷ 日付、相手勘定科目（仮払金のサーチキー英字は「KARIBARA」）、金額、摘要を入力します。部門を設定している場合は選択します。

❸ 入力が終了したら、ツールバーの[登録]ボタンをクリックするか、F12キーを押します。

税理士からのコメント　手書き伝票について

　弥生会計を使って会計処理をしている場合でも、手書き伝票でいったん起票し、それを弥生会計に入力しているようなケースも多く見受けられます。その際、手書き伝票で誤記してしまった場合にはどうすればいいのでしょうか？

　その場合は、通常は修正液などは用いず、間違った箇所に二重線を引き、そこに訂正印を押して訂正します。字も、誰が見ても見やすい字で書くようにしましょう。

　また、よく質問をいただく内容の一つに、「弥生会計を導入するのだから手書きの伝票は起票しなくてもいいのでは？」というものがあります。これは、結論的にはどちらでも構いません。ただ、効率を上げるために「伝票起票を行わない」ということであれば、原始証憑（176ページ参照）の整理とそれを管理する補助簿を見れば取引の内容が明確になるようにしておく必要があります。

■ 振替伝票について

　すべての取引を入力できる画面です。「借方」「貸方」の双方に科目と金額を入力する必要があるため、多少の複式簿記の仕訳の知識が必要となります。ただし、振替伝票を作成していくうちに、仕訳入力はだいたいパターン化してきますので、「伝票辞書」を入力しやすいように設定して活用すると簿記が少し苦手な方でも入力しやすくなります。「伝票辞書」については151ページを参照してください。

● 振替伝票の入力例

　次の仕訳について、振替伝票を使用して入力した例を見てみましょう。複数行にまたがる「複合仕訳」になります。同じ行の借方と貸方が一致する必要はありませんが、「借方合計」と「貸方合計」は必ず一致させるようにします。一致していない場合は、画面右下の「貸借バランス」欄が「0」にならず、ツールバーの[登録]ボタンをクリックしてもエラーメッセージが表示され、登録することができません。また、借方摘要と貸方摘要を分けたい場合は、間に「//」(半角スラッシュを2回)を入力します。

> 4月17日　社長が出張から戻り仮払金の精算を行った。内訳は以下の通りである。
> ● JR運賃　5,200円
> ● タクシー代　1,300円
> ● 得意先への手土産　3,240円
>
> ※残額は現金返金

4月25日　給与を支払った。内訳は以下の通りである。
- 4月分給与　2,664,400円
- 4月分役員報酬　300,000円
- 通勤費　22,940円
- 源泉税　預り金　129,000円
- 社会保険料 預り金　82,934円
- 雇用保険料 預り金　10,310円
- 差引支給額（当座預金レモン銀行）　2,765,096円

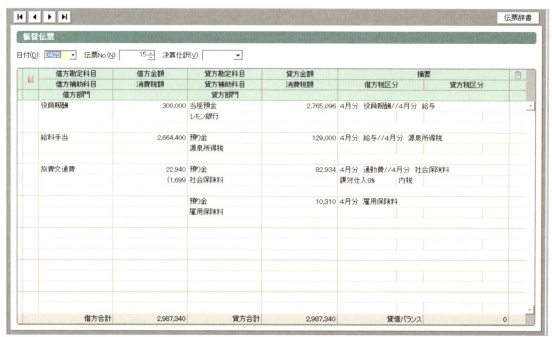

※この例は、役員1名、従業員数名の会社（法人）の1カ月分の給与の合計仕訳であることとします。また、81ページの要領で、「預り金」勘定に補助科目「源泉所得税」「社会保険」「雇用保険」を設定していることとします。なお、雇用保険料は「立替金」「法定福利費」などの科目で仕訳する場合もあります。

※上記の仕訳は法人の例となり、個人事業主データの場合は一部勘定科目が異なります。仕訳アドバイザー（160ページ参照）や伝票辞書（151ページ）に登録されている事例を参照してください。

ONE POINT　「借方」の合計額を瞬時に「貸方」に入力する方法

　前ページの入力例のように、「借方」の取引金額の合計を「貸方」の金額に入力するには、貸方金額欄で[+]キーか[Shift]+[;]キーを押します。このときの表示は、「環境設定」ダイアログボックス（クイックナビゲータの「導入」メニューの[環境設定]アイコンをクリック）で変更できます。たとえば、前ページの入力例では、「キー操作・入力の設定」タブの[伝票の金額項目での[=]キーまたは[+]キー(P)]が「貸借バランス金額が0になる金額を入力する」に設定されている場合には借方合計「10,000」を表示し、「同じ行の相手方の金額を入力する」に設定されている場合には同じ行の借方金額と同じ額「5,200」を表示します。

25-1 伝票を印刷する

伝票を印刷するには、まず、印刷したい伝票を検索し、伝票を表示してから印刷します。

1 ツールバーの[検索]ボタンをクリックします。

2 条件を設定し、 OK ボタンをクリックします。ここでは、「4/1～4/30の伝票」で検索します。

3 条件に一致する伝票が表示されたら、ツールバーの[印刷]ボタンをクリックします。

※検索された伝票すべてが印刷されます(この後の画面で印刷範囲を指定した場合は、指定したページのみ印刷することは可能)。

第4章 ● 帳簿や伝票を入力してみよう　141

4 [書式(F)]で印刷する書式を選択し、 OK ボタンをクリックします。

「A4/縦/弥生形式」の書式は、A4の白紙に罫線付きで印刷する書式です。

税理士からのコメント

合計仕訳について

　売上の計上については、原則として売上の事実があった時点で計上します。ただ、会計ソフト以外に販売管理ソフトなどを導入し、一件一件の売上明細までを登録・管理している場合には二重の作業となり、事務作業としては大きな負担となります。

　そのような場合には、得意先ごとに売上をまとめ、月末や売上締切のタイミングで合計仕訳を起こし、仕訳帳や伝票に記入・起票する方法もあります。

　また、お使いの会計ソフトと販売管理ソフトが同一メーカーのものであれば、仕訳の生成～会計ソフトへのインポート（データの取り込み）まで一連の流れとして行えるものも多くあります。たとえば、弥生株式会社で開発・販売している販売管理ソフト「弥生販売 17」は、「弥生会計 17」との親和性が高く、「弥生販売 17」の売上データを仕訳形式にして「弥生会計 17」に取り込むことができます。同様に、「弥生給与 17」についても給与支払などの仕訳を生成し、「弥生会計 17」に取り込むことが可能です。

　合計額で仕訳を連動した場合は、その合計額の数字はどの資料を元にしたものなのか、後で見てもわかるようにしておくことが大切です。特に販売管理ソフトとの連動では、仕訳を起こした後で販売管理ソフトの方で修正があった場合は、必ず修正を会計ソフトにも反映させるように気を付けましょう。

SECTION-26

スタンダード　プロフェッショナル

辞書機能を活用しよう

弥生会計には、よく出てくるパターンを登録しておく「辞書機能」があります。これを利用すると、日常の入力作業を今まで以上に楽にすることができます。

■ 辞書機能について

弥生会計には、よく使う仕訳や摘要の文字を登録しておき、入力時にドロップダウンリストから選ぶことができる「辞書機能」が用意されています。初期設定でも一般によく使われるものは登録してありますが、使いやすいように追加・修正を行うと、日々の入力業務をより効率的に行うことができます。

辞書機能には、「かんたん取引辞書」「仕訳辞書」「伝票辞書」「摘要辞書」の4種類があります。

クイックナビゲータの「取引」メニューにアイコンが用意されています。各辞書への追加・修正・削除は、各辞書の画面のツールバーの[新規作成][編集][削除]ボタンから操作を行います。

4種類の辞書が用意されている

■ かんたん取引辞書について

「かんたん取引辞書」は、「かんたん取引入力」画面で使用する取引の仕訳のパターンを登録する辞書です。初期設定で用意されている取引に自社でよく出てくるパターンを追加したり、初期設定を一部変更して使用することができます。

26-1　かんたん取引辞書に取引を登録する

かんたん取引辞書に「コピーカウント料の支払（レモン銀行引落）」という取引を登録してみましょう。

1 クイックナビゲータの「取引」メニューをクリックし、[**かんたん取引辞書**]アイコンをクリックします。

2 ツールバーの[**新規作成**]ボタンをクリックします。

3 [**取引名(N)**]に取引名を入力し、[**取引分類(G)**]から取引分類を選択します。ここでは、取引分類は「3:経費支払」を選択します。設定したい仕訳のパターンを入力し、[登録]ボタンをクリックします。

新規に追加する場合は、「借方」「貸方」の複式簿記の形式で登録を行う必要があります。簿記が苦手な場合、右ページの下のONE POINTの要領で、登録されているパターンの辞書の内容を表示して、これを参考にして入力するとよいでしょう。

※辞書に取引を登録する際の税区分の消費税率は、取引日付に基づいて自動判定できるように「（自動）」が初期設定されています。金額を入力する場合は、税区分（税率）を選択する必要があります。
　例）「課税売上（自動）」が設定されていると、入力した取引の日付によって消費税率を自動判定し、「課税売上○％」と表示されます。

ONE POINT　追加した辞書の確認方法

　「かんたん取引入力」画面（130ページ参照）で取引の種類と取引タイプを選択すると、取引名の欄で、追加した辞書（取引）を選択することができます。操作例で追加した辞書は「支出」取引の一番下に表示されていますが、探しにくい時はキーワードを入力して検索することができます。

ONE POINT　登録されているパターンの修正方法

　登録されているパターンを一部修正したり確認したい場合は、「かんたん取引辞書」画面で修正したい取引名をダブルクリックするか、取引名をクリックしてツールバーの[編集]ボタンをクリックして修正画面を表示し、修正します。

ONE POINT 「かんたん取引入力」画面の注意点

「かんたん取引入力」画面は、帳簿や伝票画面に慣れていない人が、1行仕訳（原因と結果が1対1の仕訳）をかんたんに入力するための画面です。[収入] [支出]タブでは、取引手段として選択できる勘定科目が「現金」「当座預金」「普通預金」「定期預金」「売掛金」「買掛金」に限定されています。[振替]タブでは、貸借科目のみ選択が可能です。（損益科目がからむ振替は入力することができません。）入力できる取引が限定されていますので、この画面から入力できない取引は、他の帳簿や伝票画面から入力してください。

■仕訳辞書について

「仕訳辞書」は、帳簿でよく使う1対1の仕訳のパターンを登録する辞書です。帳簿以外に、伝票画面でも使用することができます。仕訳辞書には、「勘定科目」「補助科目」「部門」「摘要」「金額」をセットで登録します（「補助科目」と「部門」は設定している場合のみ）。金額は必要に応じて登録することも空欄にしておくこともできますが、売上など、いつも決まった金額ではない場合は金額欄を0円で登録しておかないと入力ミスの元になります。ただ、リース料や家賃など固定の金額の仕訳の場合は、金額や税率も一緒に登録しておくと便利です。登録した仕訳は帳簿や伝票から呼び出して使います。また、オンラインアップデートに対応しており、ソフトの起動時にアップデートがあれば自動で最新の状態に更新されます（法令改正による仕訳の変更など）。

また、仕訳辞書画面で取引分類を設定し、ツールバーの[仕訳の一括登録]ボタンをクリックすると、複数の仕訳辞書の取引を一括で仕訳登録することができます（149ページ参照）。

26-2　仕訳辞書に取引を登録する

仕訳辞書に「ごみ処理費を現金で支払った」という取引を登録してみましょう。

1 クイックナビゲータの「取引」メニューをクリックし、**[仕訳辞書]** アイコンをクリックします。

2 ツールバーの **[新規作成]** ボタンをクリックします。

3 **[取引名(N)]** に取引名を入力し、**[取引分類(G)]** から必要に応じて取引分類を選択します。**[サーチキー英字(A)]** に設定したいサーチキーを入力し、設定したい仕訳のパターンを入力して（金額は月々変動することが予想されるため「0」のまま）、 登録 ボタンをクリックします。

取引分類は30項目に分類することができますが、特に分類しない場合は「指定なし」のままで設定します。

※この操作例では77ページの要領で[ごみ処理費]という勘定科目を追加している前提で説明しています。[ごみ処理費]がない場合は[雑費]等で設定してください。

26-3　仕訳辞書を使用して取引を入力する

「現金出納帳」画面から、登録した仕訳辞書を使用して取引を入力してみましょう。

1 クイックナビゲータの「取引」メニューをクリックし、**[現金出納帳]** アイコンをクリックします。

2 日付を入力し、⏎キーを押すと仕訳辞書の選択リストボタンにカーソルが移動します。サーチキーを設定している場合はサーチキーを入力します。サーチキーを設定していない場合、選択リストを表示させ、リストの中から登録された「ごみ処理代」の辞書を選択します。なお、リストを表示するには F4 キーを押すか ▼ ボタンをクリックします。

新たに追加された辞書は選択リストの一番下に表示されています。

3 登録した辞書をクリックすると取引が入力されます。金額が「0」になっているので、金額のみ入力します。

1 金額を入力する

26-4 仕訳辞書から仕訳を一括登録する

「仕訳の一括登録」とは、登録された「仕訳辞書」を取引分類ごとにグループ分けし、そのグループごとに一括して仕訳を起こす機能です。登録は取引分類ごとに行うため、まず、取引分類を登録する必要があります。ここでは、「25日　引き落とし」グループを作成し、グループに属する取引を設定して一括登録してみましょう。

1 「仕訳辞書」画面でツールバーの[分類設定]ボタンをクリックします。

「仕訳辞書」画面を表示する方法は147ページを参照してください。

2 「25日　引き落とし」と入力し、OKボタンをクリックします。

第4章 ● 帳簿や伝票を入力してみよう　149

3 該当の取引に、分類「25日 引き落とし」を設定します。

4 [取引分類(Q)]から「25日　引き落とし」を選択し、ツールバーの[仕訳一括登録]ボタンをクリックします。

5 「仕訳の日付」を入力し、[登録]ボタンをクリックします。

6 「仕訳日記帳」画面が表示され、「仕訳の一括登録」ダイアログボックスが表示されるので、OK ボタンをクリックします。この後、金額などを入力してください。

■ 伝票辞書について

伝票でよく使う複合仕訳を、伝票1枚のパターンとして登録します。登録した伝票辞書は伝票画面から呼び出して使います。仕訳辞書と同じように、金額を登録しておくことも空欄にしておくこともできるため、給与などの複雑な仕訳を登録しておくと便利です。

● 振替伝票

第4章 ● 帳簿や伝票を入力してみよう 151

26-5 伝票辞書に取引を登録する

伝票辞書に「売掛金と買掛金を相殺した。」という取引を登録してみましょう。

※ここでは、「買掛金」勘定と「売掛金」勘定に補助科目「ABC商店」を設定していることとします。

1 クイックナビゲータの「取引」メニューをクリックし、[伝票辞書]アイコンをクリックします。

2 ツールバーの[新規作成]ボタンをクリックします。

3 [取引名(N)]に取引名を入力し、[取引分類(G)]から必要に応じて取引分類を選択します。[サーチキー英字(A)]に設定したいサーチキーを入力し、設定したい仕訳のパターンを入力して(金額は月々変動することが予想されるため「0」のまま)、[登録]ボタンをクリックします。

取引分類は30項目に分類することができますが、特に分類しない場合は「指定なし」のままで設定します。

26-6 伝票辞書を使用して取引を入力する

伝票画面から、登録した伝票辞書を使用して取引を入力してみましょう。

1 クイックナビゲータの「取引」メニューをクリックし、[振替伝票]アイコンをクリックします。

2 画面右上の 伝票辞書 ボタンをクリックし、登録した伝票辞書を選択します。サーチキーを入力して選択してもかまいません。

3 金額を入力し、ツールバーの[登録]ボタンをクリックします。

■ 摘要辞書について

　摘要辞書には、よく使う摘要の文字列を登録します。摘要は勘定科目に関連付けて登録することができ、仕訳の入力時に関連付けた科目を選択するとリストの上位に表示されます。

　たとえば「○○月分　ガス料金」という摘要は、「水道光熱費」勘定以外ではまず使わない摘要なので、「水道光熱費」を選んだときに上位に表示されるように勘定科目と結び付けておきます。摘要辞書は帳簿と伝票の両方で使うことができます。

● 伝票画面（振替伝票）

● 帳簿画面（現金出納帳）

26-7 摘要辞書に登録する

「携帯電話代」という文字列を「摘要辞書」に登録してみましょう。関連付ける勘定科目は「通信費」で設定します。

1 クイックナビゲータの「取引」メニューをクリックし、[摘要辞書]アイコンをクリックします。

2 ツールバーの[新規作成]ボタンをクリックします。

3 「摘要」に「携帯電話代」と入力し、「勘定科目」は「通信費」を選択して、サーチキーを入力し、[登録]ボタンをクリックします。

26-8　摘要辞書を使用して取引を入力する

現金出納帳に摘要辞書を使用して取引を入力してみましょう。

1 クイックナビゲータの「取引」メニューをクリックし、[現金出納帳]アイコンをクリックします。

2 日付を入力し、相手勘定科目は「通信費」を選択します。摘要入力欄では、登録した摘要辞書を呼び出して、選択します。

摘要のリストが表示されない場合には、入力欄をクリックするか、入力欄にカーソルがある状態で F4 キーを押します。

ONE POINT 辞書へ素早く登録する方法

　辞書画面ではなく、帳簿や伝票の入力画面から、入力中の仕訳や摘要や伝票の複合仕訳を各辞書へ登録することができます。

　帳簿の画面では、仕訳を入力しながら「仕訳辞書」への登録を行う場合、「借方」「貸方」を考えながら登録しなくてもよいので、簿記が苦手な人でも「仕訳辞書」登録を行うことができます。入力しながらよく出てくる仕訳のパターンがあったら登録しておきましょう。

　なお、帳簿や伝票の入力画面では間違えて登録した辞書を修正したり、削除することはできません。修正や削除は、各辞書画面から行ってください。

■ 仕訳辞書への登録

　帳簿（現金出納帳など）画面で辞書に登録したい取引の行を選択し、**[編集(E)]→[仕訳辞書へ登録(W)]**を選択します。「取引名」を確認し、必要に応じてサーチキーを入力して[登録]ボタンをクリックします。

■ 伝票辞書への登録

　登録したい複合仕訳を入力し、**[編集(E)]→[伝票辞書へ登録(H)]**を選択します。「取引名」を確認し、必要に応じてサーチキーを入力して[登録]ボタンをクリックします。

■ 摘要辞書への登録

　登録したい摘要文字列をクリックし、**[編集(E)]→[摘要辞書へ登録(Q)]**を選択します。関連付ける勘定科目を選択し、必要に応じてサーチキーを設定して[登録]ボタンをクリックします。

ONE POINT 登録した予定を実行する「取引予定表」

「取引予定表」は、あらかじめ登録した取引の予定を実行したり、履歴の管理を行うための画面です。毎月定期的に発生する取引や、事前に把握している特定の取引の予定を「取引予定表」に設定しておくと、簡単に仕訳の書き出しを行うことができます。取引の予定は、「仕訳辞書」や「伝票辞書」から選択して設定するため、最初から弥生会計の辞書に登録されている取引から選ぶ他、147ページや152ページの要領であらかじめ取引を辞書に登録しておくと、詳細な取引内容を設定することができます。

■ 取引予定を登録する方法

新しく取引予定を登録するには、次のように操作します。

● 「取引予定の新規登録」ダイアログボックス

● 「定期的な取引予定の設定」ダイアログボックス

❶ メニューバーの[ツール(T)]→[取引予定表(Y)]を選択し、「取引予定表」画面を表示します。

❷ ツールバーの[新規作成]ボタンをクリックします。

❸ 「取引予定の新規登録」ダイアログボックスが表示されるので、[件名(N)]に取引予定のタイトルを入力します。

❹ 毎週・毎月行う定期的な取引の場合には、[定期的な取引予定の設定(P)...]ボタンをクリックし、「定期的な取引予定の設定」ダイアログボックスで取引のスケジュールを設定します。一度だけの取引の場合には、「取引予定の新規登録」ダイアログボックスの[取引予定日(Z)]で日付を設定します。

❺ [実行内容(A)]で「仕訳日記帳へ仕訳を書き出す」と「振替伝票へ仕訳を書き出す」から選択し、[詳細]を設定します。

❻ 必要があれば[備考(M)]を設定し、[登録]ボタンをクリックします。

■ 取引予定の実行方法

取引予定を実行し、仕訳を入力するには、次のように操作します。

❶ メニューバーの[ツール(T)]→[取引予定表(Y)]を選択し、「取引予定表」画面を表示します。

❷ 実行したい取引予定を選択し、ツールバーの[取引予定の実行]ボタンをクリックします。

❸ 登録した実行内容が「仕訳日記帳へ仕訳を書き出す」の場合は「仕訳の登録」ダイアログボックスや「仕訳の一括登録」ダイアログボックス(複数の仕訳が登録されている場合)が表示されるので、[登録]ボタンをクリックすると仕訳が自動で作成され、仕訳を登録した旨のメッセージが表示されます。登録した実行内容が「振替伝票へ仕訳を書き出す」の場合は、振替伝票が表示されて仕訳が作成さ

れるので、登録を完了します。

❹ ツールバーの[戻る]ボタンをクリックして「取引予定表」画面に戻ると、実行した仕訳の「実行済」欄にチェックが付きます。定期的な予定の場合は、次回の取引予定が自動的に追加されます。

第4章 ● 帳簿や伝票を入力してみよう　159

SECTION-27
仕訳アドバイザーについて

スタンダード　プロフェッショナル

仕訳がわからない場合や、勘定科目について調べたい場合には、「仕訳アドバイザー」を参考にしてみましょう。仕訳の例が載っているので、参考にしたり、仕訳の例を振替伝票に自動で入力することができます。

■ 仕訳アドバイザーの利用

仕訳アドバイザーでは、一般的な仕訳例に加え、さまざまな業種特有の仕訳も参照することができます。初期設定ではオンラインモードで起動し、弥生株式会社の仕訳アドバイザーのサーバーに接続して最新の機能や情報を利用することができます。インターネットに接続していない場合は、オフラインモードで確認することができます。「個人/一般」や「法人」のデータでは、仕訳アドバイザーで検索した仕訳は振替伝票に連動することができますが、使用されている勘定科目や仕訳例はあくまでも一般的な使用例です。設定されている仕訳例以外にも処理方法がある場合も多いため、仕訳方法の詳細や税金に関する処理については税理士の先生か最寄りの税務署にお問い合わせください。

● 仕訳アドバイザーの表示方法

仕訳アドバイザーを表示するには、メニューバーの「ヘルプ(H)」→「仕訳アドバイザー(J)」をクリックするか、ガイドパネルの[仕訳アドバイザー]をクリックします

●「仕訳例を探す」画面

仕訳アドバイザー画面で 仕訳例を探す ボタンをクリックして表示する「仕訳例を探す」画面では、業種・業態・勘定科目などのカテゴリーを選択して仕訳例を検索したり、キーワードを入力することにより、仕訳を検索することができます。

※初期設定ではオンラインモードで起動します。インターネットに接続していないパソコンの場合はオフラインモードで実行されます。常にオフラインモードで実行する場合は、ツールバーの[設定]ボタンをクリックして表示される「ネットワーク接続設定」ダイアログボックスの[仕訳アドバイザーの設定]の[起動時にオンラインモードで実行する(S)]をOFFにして OK ボタンをクリックします。

勘定科目のカテゴリーがわかっている場合

事業形態や業種、カテゴリーを指定して表示される取引一覧の中から該当する取引をクリックします。

第4章 ● 帳簿や伝票を入力してみよう　161

勘定科目のカテゴリーがよくわからない場合

　キーワードを入力し、検索範囲を選択して 検索する ボタンをクリックすると、そのキーワードを含んだ仕訳例を検索することができます。キーワードは10個まで指定することができ、複数のキーワードを設定する場合はスペースで区切ります。検索結果の一覧から該当する仕訳をクリックすると、前ページの操作と同様、取引の詳細と仕訳例、ポイントの説明が表示されます。

●「科目を調べる」画面

　仕訳アドバイザー画面で 科目を調べる ボタンをクリックして表示する「科目を調べる」画面では、勘定科目の意味や使い方を調べることができます。

勘定科目のカテゴリーがわかっている場合

　事業形態とカテゴリーを指定すると、そこに属する勘定科目の説明が表示されます。

第4章 ● 帳簿や伝票を入力してみよう　163

勘定科目のカテゴリーがよくわからない場合

　キーワードを入力し、検索範囲を選択して 検索する ボタンをクリックします。検索結果の一覧から目的の科目をクリックすると、その科目の説明が表示されます。

SECTION-28

スタンダード　プロフェッショナル

入力した取引を確認しよう

　弥生会計では、帳簿や伝票など、一箇所の画面で入力した取引が、関連するすべての帳簿に自動的に転記されます。また、各種資料にも取引の入力結果や修正が自動で反映されます。特に、帳簿や伝票から入力した仕訳がすべて表示される「仕訳日記帳」と、すべての仕訳から勘定科目（補助科目）ごとに取引を集計した「総勘定元帳」「補助元帳」は、複式簿記の会計帳簿の中でも、もっとも重要な「主要簿」「補助簿」となります。これらの帳簿は、入力した結果を確認するのに便利です。ここでは入力したデータを、検索・確認してみましょう。

■ 仕訳日記帳について

　「現金出納帳」や「預金出納帳」などの帳簿入力画面では入力や確認ができる取引が限定されていますが、「仕訳日記帳」画面は、どの帳簿や伝票で入力した取引でもすべてが日付順に転記される「仕訳の一覧」です。帳簿入力画面では「借方」「貸方」を意識しなくても入力操作を行うことができますが、「仕訳日記帳」へ自動転記されるときに、「借方」「貸方」に分かれた複式簿記の形式に変換されます。また、「仕訳日記帳」画面から直接、1対1の仕訳の入力や、帳簿で入力された仕訳の修正・削除などの操作を行うことができます。伝票画面で入力された仕訳も転記されますが、伝票画面で入力された仕訳を修正・削除する場合は、該当の仕訳の上でダブルクリックして伝票画面に戻り、修正・削除などの作業を行います。

　仕訳日記帳の画面を表示するには、クイックナビゲータの「取引」メニューをクリックして[仕訳日記帳]アイコンをクリックします。「絞り込み機能」や[検索]ボタンの使い方は帳簿入力画面と同じ操作となります（131～133ページ参照）。

●仕訳日記帳

どこの画面から入力した仕訳なのかが表示されている（空欄は帳簿入力画面で入力した仕訳で、直接クリックして上書き修正や削除を行うことができる）

第4章 ● 帳簿や伝票を入力してみよう　165

28-1 仕訳日記帳で検索を行う

本日入力した取引のうち、100,000円以上の取引を仕訳日記帳で検索してみましょう。

1 クイックナビゲータの「取引」メニューをクリックし、[仕訳日記帳]アイコンをクリックします。

2 ツールバーの[検索]ボタンをクリックします。

3 「基本」タブをクリックし、[作業日付(X)]をONにして、開始日付と終了日付の両方に本日の日付を入力します。[金額(M)]もONにして「金額指定」で「100000」と入力し、「以上」を選択して OK ボタンをクリックします。

この後、条件に当てはまる仕訳が表示されます。元の状態に戻す場合は、ツールバーの[検索解除]ボタンをクリックします。なお、毎回決まった条件で検索する場合は、条件名を付けて保存しておくと便利です。

■総勘定元帳について

「仕訳日記帳」ではすべての取引が複式簿記の形の「仕訳の一覧」として転記されますが、その「仕訳の一覧」から、勘定科目ごとに取引を集計した帳簿が「総勘定元帳」です。「総勘定元帳」は複式簿記による記帳を行う上で一番大切な「主要簿」として位置付けられ、勘定科目の数だけページが用意されています。決算が終了したら、すべての勘定科目のページを印刷し、保管します。画面では、表示したい「勘定科目」を選択して確認します。

通常、「帳簿」といえば総勘定元帳を指します。総勘定元帳は、すべての取引が勘定科目ごとに「日付順」に記録されている帳簿です。総勘定元帳を見れば、いつ何時どんな取引をしていたか、一目瞭然です。

●総勘定元帳

※消費税事業者区分が「課税」で経理方式を「税抜」で設定している場合、[税抜/税込切換(Z)]の初期設定は「税抜」になっており、内税で税込金額を入力した場合も税抜金額で表示されますが、「税込」に切り換えると税込金額を確認することができます。

28-2 総勘定元帳に転記された取引を確認する

ここでは、「旅費交通費」の総勘定元帳に転記された取引を確認してみましょう。

1 クイックナビゲータの「取引」メニューをクリックし、[総勘定元帳]アイコンをクリックします。

2 [勘定科目(A)]から「旅費交通費」を選択します。

サーチキーを入力して選択することもできます。

> **税理士からのコメント** 「諸口」って何？
>
> 　総勘定元帳の相手勘定科目が「諸口」と表示されることがあります。この「諸口」というのは、勘定科目の名前ではなく、「相手勘定科目が1つではなく、複数存在する」ことを意味しています。
> 　たとえば、139ページのような複合仕訳を入力した場合、「仮払金」勘定の「総勘定元帳」を確認すると、相手勘定科目が「諸口」と表示されています。これは、「仮払金」10,000円を取消した要因(相手勘定科目)は「旅費交通費(JR運賃・タクシー代)」「交際費(得意先手土産)」「現金(差額現金返金)」となり、相手方勘定科目が複数になるため、「諸口」と表示されてしまうのです。
> 　「諸口」と表示されないようにするためには、「借方」と「貸方」が一対一になるように入力しておく必要があります。

28-3 総勘定元帳の印刷イメージを確認する

総勘定元帳の印刷プレビューを表示し、印刷結果のイメージを確認してみましょう。

1 「総勘定元帳」画面のツールバーの[印刷]ボタンをクリックします。

2 [書式（F）]から書式を選択し、 印刷プレビュー(V)... ボタンをクリックします。

印刷

印刷帳票： 総勘定元帳

書式(F): A4/縦/3行/カラー（罫線有）　——— ▼　書式の設定(S)...

1 クリック

| A4/縦/1行（罫線有） |
| A4/縦/1行（罫線無） |
| A4/縦/3行/サーチキー付（罫線有） |
| A4/縦/3行/サーチキー付（罫線無） |
| A4/縦/3行/カラー（罫線有） |
| A4/縦/3行/カラー（罫線無） |
| A4/縦/2行/カラー（罫線有） |
| A4/縦/2行/カラー（罫線無） |
| 15インチ（罫線有） |
| 15インチ（罫線無） |

2 クリック

プリンター
名前(N):　　　　　　　　　　　　プロパティ(P)...
種類:
場所:

印刷範囲
⊙ 全ページ(A)　○ ページ指定(G) 　□ ～ □　印刷部数(C) □

印刷する部門(B)
⊙ 選択: 事業所（合計）
○ すべての部門を印刷する

印刷する勘定科目(I)
⊙ 選択: 旅費交通費
○ すべての勘定科目を印刷する
○ 補助科目が設定されていないすべての勘定科目を印刷する

決算終了時にはすべての勘定科目の総勘定元帳（補助元帳）を印刷して保存しておく必要があります

期間(T)
□ 日付指定
04/01　～　04/01　決算仕訳(K): 含む ▼

印刷プレビュー(V)...　　　　OK　　キャンセル　　ヘルプ

3 クリック

平成29年度　　　　　　　　　　　　旅費交通費　　　　　　　　　　　　　　　1 頁
事業所（合計）　　　　　　　　　　　　　　　　　　　　　　株式会社　黒字商事
　　　　　　　　　　　　　　　　　　　　　　　　　　　　　　　　　　税抜

日　付	伝票No	相手勘定科目 相手補助科目	摘　要	相手税区分	税　区　分		
生成元	部門	相手部門	補助科目	借方金額	貸方金額	残　高	
4/ 1	2	現金	○○交通　得意先A社へのバス代		課対仕入8%内税		
	営業部				463		463
4/17	12	仮払金	社長　大阪出張JR運賃		課対仕入8%内税		
	東京本社				4815		5278
		仮払金	社長　大阪出張タクシー代		課対仕入8%内税		
	東京本社				1204		6482
4/25	15	諸口	4月分　通勤費		課対仕入8%内税		
					21241		27723
			4月度　合計	27723	0		

ここでは、「A4/縦/3行/カラー（罫線有）」の書式を選択しています。これはA4の白紙に罫線付で印刷する書式です。書式の詳細設定を行う場合は、 書式の設定(S)... ボタンをクリックして設定します。

第4章 ● 帳簿や伝票を入力してみよう　　169

税理士からのコメント　領収書がない場合

　領収書の保管は、経理業務においてとても大切な業務の一つです。なぜなら領収書というのは相手方がお金を受け取ったことを証明する書類だからです。

　もし、領収書の保管を怠り、相手方への支払いの証明ができない場合には、「税務署などが行う税務調査時に、実際にお金を払っていても経費として認められず、結果として税金の追徴処分を受けてしまう」という問題が発生することがありますので注意が必要です。

　「お祝いを包んだ」等で領収書が出ない取引は、その事実がわかる資料（招待状や案内文書）に添付して[出金伝票]や[支払証明書]を作成して領収書の代わりとします。バスや電車の交通費なども、[出金伝票]や[支払明細書]などを作成して残しておくとよいでしょう。

■ 補助元帳について

　「総勘定元帳」は勘定科目ごとの取引を集計した帳簿ですが、補助科目が設定してある勘定科目の場合、すべての補助科目の取引がまとめて転記されます。たとえば、「普通預金」勘定科目に補助科目「レモン銀行」や「オレンジ銀行」などを設定している場合、日付順にそれらの銀行の取引が混在した状態で表示されます。合っているのかどうかを確認しにくい場合は、補助科目ごとに集計された帳簿である「補助元帳」画面から、確認したい「勘定科目」と「補助科目」を選択して、操作を行います。

　「補助元帳」画面は「総勘定元帳」と似ていますが、「勘定科目」に加えて「補助科目」を選択できるところが異なっています。

　なお、「補助元帳」の中でも、よく使うと思われる預金や売掛・買掛に関する取引は、「預金出納帳」や「売掛帳」「買掛帳」として、入力しやすいように別画面で用意されています。

●補助元帳

第4章　●帳簿や伝票を入力してみよう

28-4 補助元帳で取引を確認する

ここでは、「預り金」勘定に補助科目「源泉所得税」を設定している場合に、補助元帳で補助科目「源泉所得税」の取引を表示して、源泉所得税の預かりの状態と、納付の状態を確認してみましょう。

1 「クイックナビゲータ」の「取引」メニューをクリックし、**[補助元帳]** アイコンをクリックします。

2 **[勘定科目(A)]** で「預り金」を選択し、**[補助科目(J)]** で「源泉所得税」を選択します。

「預り金」勘定に1つも補助科目を設定していない場合は、**[勘定科目(A)]** で「預り金」は選択できません。

第4章 ● 帳簿や伝票を入力してみよう　171

SECTION-29
データファイルのバックアップについて

　弥生会計の事業所データは、パソコンのハードディスクの中に保存されており、通常、弥生会計を閉じたときに自動的に最新状態で更新されるようになっています。ただし、このデータファイルは、何かの拍子に破損してしまう可能性がまったくないわけではありません。破損すると、それまで蓄積してきた会計データがすべてなくなってしまい、その損害ははかりしれません。このような事態にならないために、こまめにバックアップ（データの複製）をとっておきましょう。弥生会計のデータをバックアップする方法は、「自動バックアップ機能」の利用、「手動でのバックアップ」「弥生ドライブ」の利用等があります。

■弥生会計の自動バックアップ機能について

　初期設定では、弥生会計を終了するときにその時点のデータファイルを自動でバックアップするように設定されています。バックアップは、既定値では5つまで履歴を残すようになっており、5つを超えた時点で、古いバックアップファイルから順番に上書きされます。バックアップファイルは、ログインユーザーの「ドキュメント」→「Yayoi」→「弥生会計17データフォルダ」→「Backup」フォルダの中に保存されている、「$」マークが先頭に付いているファイルです。

　なお、自動バックアップ機能の設定を変更するには、クイックナビゲータの「導入」メニューをクリックし、[**環境設定**]アイコンをクリックして、「環境設定」ダイアログボックスの「起動・終了の設定」タブをクリックして設定します。

■手動でバックアップを行うには

　上記で説明した自動バックアップ機能は、あくまでもパソコンのハードディスク内に保存しておくものです。パソコンのハードディスク自体が壊れてしまったり、パソコンを紛失したりすると、データを復旧することができません。このような事態に備えて、外部の記憶媒体にバックアップファイルを保存しておくとよいでしょう。外部の記憶媒体にバックアップするためには、手動でバックアップを行う必要があります。定期的に手動でバックアップをとることをお勧めします。

　たとえば、外付けのリムーバブルディスク（USBメモリなど）に手動でバックアップを行うには、次のように操作します。

❶ クイックナビゲータの「事業所データ」メニューをクリックし、[**バックアップ**]アイコンをクリックします。

❷ 参照(B) ボタンをクリックし、「コンピューター」からリムーバブルディスク（ここでは、Dドライブ）を選択し、保存(S) ボタンをクリックします。

❸ 保存場所が正しいかを確認してから、OK ボタンをクリックします。

❹ バックアップが終了したら、OK ボタンをクリックします。

ハードディスクの故障やパソコンの紛失に備えるためには、パソコンとは別の場所にバックアップをとることが必要です。直接、バックアップが書き込める記憶媒体は、MOディスク（光磁気ディスク）、USBメモリなどです。データの容量に応じて選びましょう。

■ 弥生ドライブを利用する

　インターネット上にデータを安全に保存できる「弥生ドライブ」機能と、弥生ドライブを利用するためのデスクトップアプリケーションが提供されています。弥生会計をインストールするとデスクトップにショートカットアイコンが表示されます。

　弥生ドライブ機能には、弥生製品のバックアップファイルやその他のデータを保管できる「データバックアップサービス」と、他のユーザーとファイルを共有できる「データー共有サービス」があります。手動で行うバックアップ時に「データーバックアップサービスを使用する」チェックボックスにチェックを付けると、バックアップファイルをインターネット上の弥生ドライブへ保存することができます。弥生ドライブを利用するには、あんしん保守サポートに加入し、ログイン等の初期設定を行う必要があります。

■ バックアップファイルを復元するには

　リムーバブルディスクに保存したバックアップファイルをもとにデータを復元するには、次のように操作します。なお、自動バックアップファイルも同様の手順で復元することができます。

❶ メニューバーから[ファイル(F)]→[バックアップファイルの復元(R)]を選択します。
❷ バックアップファイルの選択画面が表示されます。初期設定では、自動バックアップファイルの保存先と保存されているバックアップファイルの明細が表示されます。
❸ 復元したいバックアップファイルが画面に表示されていない場合は、 参照先の設定(L)... ボタンをクリックし、 フォルダーを追加(F) ボタンをクリックしてバックアップファイルが保存されている場所を指定し、 OK ボタンをクリックすると、参照場所が追加されるので、 OK ボタンをクリックします。

※一度バックアップファイルの場所を指定すると、これ以降、この場所もバックアップファイルの選択リストに表示されるようになります。

❹ 復元したいバックアップファイルを選択して［ 開く ］ボタンをクリックします。

復元したいバックアップファイルを選択する

❺ 「復元データ名」に事業所データ名を入力して、［ 復元 ］ボタンをクリックします。現在使用しているデータと同じ名称が設定されていると、今あるデータファイルをそのバックアップファイルの作成時点のデータの状態に上書きする旨のメッセージが表示されます。必ず確認を行い、上書きされると問題がある場合は別のファイル名を入力しましょう。ここでは、バックアップファイルとして保存してある「株式会社　黒字商事（2期）」という事業所データを、「株式会社　黒字商事（2期）復元」という名前で「弥生会計17」に読み込んでいます。

事業所データ名を入力する

❻ バックアップの復元が終了したら、［ OK ］ボタンをクリックします。
❼ 「復元した事業所データを開きますか?」というメッセージが表示されたら、［ はい(Y) ］ボタンをクリックします。

■ バックアップファイルを利用する場面

　WordやExcel（Microsoft社のワープロソフトや表計算ソフト）などは、次回の操作時に、保存したファイルを開いて作業を再開することがよくあります。しかし、弥生会計のバックアップファイルは、あくまでも「いざ」というときのためのもので、通常、作業を再開するために開くということはありません。バックアップファイルを復元するのは、次のような場合です。

- パソコンを買い換えたため古いパソコンに入っているデータを新しいパソコンに移す
- データが壊れて開けなくなり、バックアップしてあるデータで復旧する
- 入力を大幅に修正したいので、過去の、ある時点までデータを戻す

■ バックアップファイルを直接ダブルクリックしても復元する操作

弥生会計のバックアップアイコンを直接ダブルクリックすると174ページの❺の画面が立ち上がり、復元することができます。

税理士からのコメント　領収書のまとめ方

　毎年2月を過ぎると、私どもの会計事務所にも、多くの個人事業主のお客様から確定申告書の作成のご依頼をいただきます。そして、その多くのお客様がビニール袋に領収書やレシートをたくさん入れて来られます。そのとき、お客様に「領収書はご自分でまとめてみませんか？　とても大切なことですよ。」と申し上げるのですが、なかなか・・・。

　青色申告の大前提である複式簿記の要件の1つに「検証可能性」というものがあります。要するに、会計帳簿と領収書などの原始証憑はお互いに検証可能な形でなければならない、という大切な原則です。その領収書の管理がお粗末であったとしたら・・・あまりよい形ではないですよね？

　ここまでお読みいただき、もし心当たりのある方、領収書は今年からご自分でまとめ、弥生会計に入力してみませんか？　とても簡単ですよ。

領収書の簡単なまとめ方

❶ 領収書を目的別に分けます（交通費、文房具、打合せの際の飲食代、など）。

❷ それをさらに月別日付順に分けます。

❸ 不要になったノートやミスプリントしたコピー用紙の裏面に貼り付けます（領収書綴りなどのファイルに綴じて保存します）。

❹ それを元に、弥生会計に入力をします。

❺ 弥生会計のデータに振られている伝票番号を領収書の近くに記入しておきます。

税理士からのコメント
原始証憑管理の大切さ

複式簿記で行うことが前提の「青色申告」では、複式簿記のルールに則って記帳をしていく必要があるのです。複式簿記のルールを少し難しい言葉で言うと、次のようになります。

■ **網羅性**

すべての取引がもれなく記帳されていること

■ **検証可能性**

検証可能な具体的な原始証憑（証憑書類）に基づき記帳されていること

■ **秩序性**

すべての取引が一定の決まりに従って記帳され、それらが有機的につながっていること

特に、"原始証憑の管理"が大切です。原始証憑には「領収書」「請求書」「納品書」などがありますが、それらをお客様の方でしっかり保存・管理していく必要があるのです。

原始証憑は会計データの「証拠」です。これがしっかり保存されていないと、証拠もなく会計処理をしていると言われても仕方ありませんし、伸びていくお客様というのはこのような書類管理がしっかりしているところが多かったりします。原始証憑は会計データと「1対1」です。保存は正確に行いましょう。

税理士からのコメント
上手な摘要の使い方

摘要は「その仕訳の内容を示すメモ書き」ですが、ルールがあります。次のようなことを習慣付けて記入するとよいでしょう。

● **支払先／購入先名を記入する**

● **購入物品・飲食理由を書く**

● **飲食をした場合には同席した人数や得意先名を記入する**

※法人の場合、「交際飲食費一人あたり5,000円以下については交際費課税をしない」という基準があるため。

「弥生会計17　プロフェッショナル」には、摘要をキーにした集計表作成機能があります（194〜201ページ参照）。たとえば、上記のルールに加えて次のような内容を摘要に入力しておくと、弥生会計の機能の範囲で色々な集計表を作ることができます。

● **社員名**

● **プロジェクト名**

● **部署名**

● **プロダクト名（製品・商品名）**

● **地域名**

また、Excelにエクスポート（出力）すれば、実に多種多様の分析表を作ることができます。何気なく義務感に駆られて入力している摘要ですが、必要に応じて後から加工する場合は、入力する内容を工夫してみましょう。

集計作業を行ってみよう

30	集計表の種類と機能	178
31	日次の集計表について	180
32	月次の集計表について	184
33	その他の集計表を利用してみよう	192

SECTION-30

集計表の種類と機能

弥生会計では、帳簿や伝票から仕訳を入力すると、各集計表にも数字が転記、計算されています。集計表では、入力した仕訳のデータを集計し、資産や負債などの残高を確認したり、収益や費用の発生とその差額から計算される利益の状態を確認することができます。集計表を活用すると、入力してある仕訳をもとに、最新の営業状況をタイムリーに確認することができます。ここでは、集計表の種類や機能を確認してみましょう。

■ 集計表の種類

集計表には大きく分けると、日ごとに確認する「日次集計表」、月ごとに確認する「月次集計表」、消費税集計表などの「その他の集計表」の3種類に分けられます。各集計表では、集計対象を選択し、期間を設定して、 集計 ボタンがある場合はこれをクリックすると、集計結果が表示されます。

● 消費税集計表

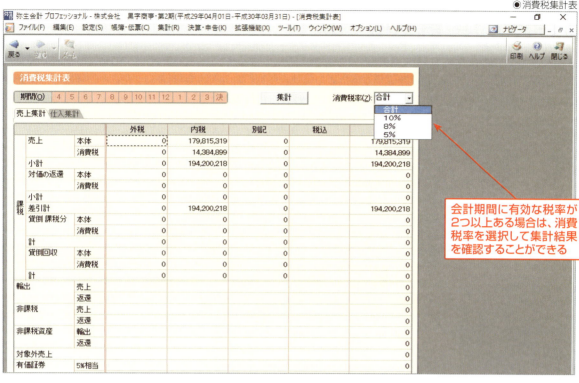

■集計表の表示方法

各集計表の画面は、クイックナビゲータの「集計」メニューやメニューバーの **[集計(R)]** メニューから表示します。

※「元帳摘要集計表」「摘要損益計算書」「予算実績対比表」は、「弥生会計 17 プロフェッショナル」「弥生会計 17 ネットワーク」のみの機能です。

SECTION-31

スタンダード　プロフェッショナル

日次の集計表について

　1日の取引を入力した後、残高を確認するための集計表（日計表、現預金明細表）と、日ごとの残高の推移を勘定科目別（補助科目別）に確認する集計表（日次残高推移表）が用意されています。クイックナビゲータの「集計」メニューの「日次」にショートカットアイコンが集まっています。

31-1　目的の期間の日計表を表示する

　日計表は、1日の取引を勘定科目別（補助科目別）に、「借方」「貸方」に分けて一覧表にした帳票です。ここでは、4月1日の勘定科目別日計表を確認してみましょう。

1　クイックナビゲータの「集計」メニューをクリックし、[日計表（勘定科目別）]アイコンをクリックします。

2　[期間(D)]で集計したい日付を指定し、集計ボタンをクリックします。

180　第5章 ● 集計作業を行ってみよう

31-2　目的の月の日次残高推移表を表示する

　日次残高推移表は、勘定科目（または補助科目）の1日ごとの残高の推移を一覧にした集計表です。ここでは、「売上高」勘定の4月分残高推移を確認してみましょう。

1 クイックナビゲータの「集計」メニューをクリックし、[日次残高推移表（勘定科目別）]アイコンをクリックします。

第5章 ● 集計作業を行ってみよう　181

2 [勘定科目(A)]で「売上高」を選択し、[期間(O)]で4月度を指定して、集計ボタンをクリックします。

消費税が自動計算されている勘定科目（売上高など）を集計したときに表示される金額は、「消費税設定」で基本的な消費税の処理方法を「税抜」に設定してある場合、税抜金額になります。

> **ONE POINT 集計表の印刷方法**
>
> 　弥生会計の帳簿や集計表などを印刷する場合は、印刷したい画面を表示して、ツールバーの[印刷]ボタンをクリックします。「印刷」ダイアログボックスに表示される内容は、現在開いている画面によって異なりますが、印刷の書式（どういう形式で印刷するのか）とプリンターが複数ある場合の設定、印刷範囲の設定を行い、OKボタンをクリックすると印刷されます。

31-3 目的の期間の現預金明細表を表示する

現預金明細表は、1日ごとの現金、預金の増減と残高を一覧表示した集計表です。ここでは、4月10日の現預金明細表を確認してみましょう。

1 クイックナビゲータの「集計」メニューをクリックし、**[現預金明細表]** アイコンをクリックします。

2 **[期間(D)]** で集計したい日付を指定して、 集計 ボタンをクリックします。

残高が合っていない場合は、確認したい科目名をダブルクリックするか、クリックして選択し、ツールバーの**[ジャンプ]**ボタンをクリックすると、指定した勘定科目（または補助科目）の総勘定元帳（または補助元帳）が表示され、詳細を確認することができます。

第5章 ● 集計作業を行ってみよう   183

SECTION-32

月次の集計表について

　月次の集計表を利用すると、月単位で貸借対照表や損益計算書を確認することができます。1カ月単位で確認する「月次・期間」、月別の残高を1年間分並べて表示する「年間推移」、部門ごとの対比表などが用意されており、それぞれが勘定科目別か補助科目別で確認できます。

■残高試算表（月次・期間）について

　残高試算表（月次・期間）は、集計表の中では、一番利用する機会が多い集計表です。勘定科目別に確認する通常の試算表と、科目の内訳を確認するための補助残高一覧表が用意されています。残高試算表（月次・期間）では、勘定科目ごとに月度単位で借方と貸方の発生、残高を見ることができます。また、取引の詳細を確認したい場合は、残高試算表画面から総勘定元帳を表示して確認することができます。なお、前期データがある場合、指定期間の前年度比較を行うことができます。

　作成できる帳票は次の通りです。残高試算表を開いたときに最初に表示されるのは「貸借対照表」ですが、タブをクリックすることによって切り替えることができます。

- 貸借対照表
  指定期間の(資産)(負債)(純資産)の増減と指定期間末日の残高を表示します。
- 損益計算書（勘定科目体系が個人／不動産の場合は不動産損益計算書）
  指定期間の(収益)(費用)の発生と残高を表示します。
- 製造原価報告書・不動産損益計算書（勘定科目体系が個人／一般もしくは個人／農業の場合に追加が可能）・生産原価報告書（個人／農業）

勘定科目オプションを設定している場合に表示されます。勘定科目オプションとは、一般的な科目に追加するオプションの勘定科目のことで、新規に事業所データを作成する際に追加するかどうかを設定しますが(54ページ参照)、後から追加することもできます。ただし、一度追加すると削除することはできません。追加するには、クイックナビゲータの「事業所データ」メニューの[事業所設定]アイコンをクリックし、「事業所設定」ダイアログボックスの「勘定科目オプション設定」欄で、該当の勘定科目オプションの左の欄を2回クリックして、チェックボックスをONにして OK ボタンをクリックします。

32-1 目的の月の残高試算表(月次・期間)を表示する

ここでは、4月の残高試算表(月次・期間)を確認してみましょう。

1 クイックナビゲータの「集計」メニューをクリックし、[残高試算表(月次・期間)]アイコンをクリックします。

2 [期間(O)]で4月度を指定します。

[期間(O)]の下にある「損益計算書」タブをクリックすると、損益計算書を表示することができます。

第5章 ● 集計作業を行ってみよう　185

ONE POINT 損益計算書で1年間の売上高を確認する方法

「損益計算書」で、1年間の「売上高」を確認するには、次のように操作します。

❶ 「残高試算表(月次・期間)」画面の「損益計算書」タブをクリックします。
❷ 　全期間(P)　ボタンをクリックします(任意の期間を選択したい場合は、[期間(O)]でその期間の範囲をドラッグする)。
❸ 1年間の「売上高」を確認します。

なお、消費税が課税の設定になっている場合、税抜表示/税込表示を画面右上の[税抜/税込切替(Z)]で切り替えることができます。

ONE POINT 残高試算表から修正を行う方法

残高試算表から入力画面へジャンプして、修正を行うことができます。たとえば、残高試算表で4月分の取引を確認したところ「普通預金(レモン銀行)」の残高が通帳の残高と合っていなかった場合、「普通預金」勘定をクリックします。「普通預金」勘定に補助科目が設定されている場合、補助科目ごとの内訳が画面下に表示されるので、補助科目ごとに残高を確認します(この帳票を別画面に表示した集計表が「補助残高一覧表」になる)。違っている補助科目があった場合、補助科目名をクリックしてツールバーの[ジャンプ]ボタンをクリックするか、補助科目名をダブルクリックすると「補助元帳」画面が表示されます。通帳と見比べながら、仕訳未入力分の入力や、誤入力の訂正などを行います。

なお、画面上部の[補助科目を表示(1)]がONになっていないと、補助科目の一覧は表示されません。

ONE POINT 「残高試算表(月次・期間)」を印刷する際の期間の指定方法

集計表を印刷する場合は、ツールバーの[印刷]ボタンをクリックします。残高試算表(月次・期間)の印刷は、画面での期間選択と印刷設定での期間選択の組み合わせによって、印刷できる資料が変わってきます。用途に応じて使い分けましょう。

■ 期間指定の組み合わせ

第5章 ● 集計作業を行ってみよう　187

■残高試算表（年間推移）について

月ごとの残高の推移を1年分確認したい場合、「残高試算表（年間推移）」を利用します。これに対し、1年分の合算を確認したい場合は「残高試算表（月次・期間）」で1年間を選択して表示します（186ページ参照）。

32-2 残高試算表（年間推移）を表示する

ここでは、残高試算表（年間推移）から「売上高」と「仕入高」の推移を確認してみましょう。

1 クイックナビゲータの「集計」メニューをクリックし、**[残高試算表（年間推移）]**アイコンをクリックします。

2 「損益計算書」タブをクリックして、「売上高」と「仕入高」の年間推移を確認します。

ONE POINT　残高の推移を表したグラフを表示するには

　残高の推移を確認したい科目をクリックして、ツールバーの**[推移]**ボタンをクリックすると推移グラフを表示することができます。「売上高」と「仕入高」を同時に確認したい場合は、行セレクタボタンを Ctrl キーを押しながらクリックして複数選択し、**[推移]**ボタンをクリックします。表示形式は「棒グラフ」か「折れ線グラフ」から選択します。

第5章 ● 集計作業を行ってみよう　189

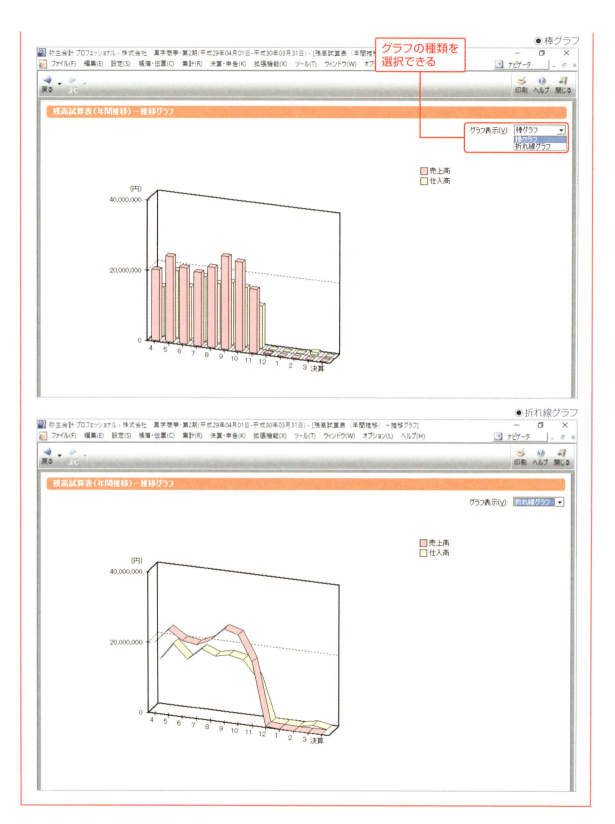

ONE POINT　Excelとの連動

　Microsoft Excel2007以降がインストールされている場合、帳簿や集計表のデータをExcelへ書き出すことができます。Excelへの書き出しに対応しているデータは次の通りです。

メニューバー	画　面	備　考
帳簿・伝票	各帳簿画面	メニューバーの［帳簿・伝票(C)］の中にある画面のうち、「入金伝票」「出金伝票」「振替伝票」「かんたん取引入力」「前年度仕訳日記帳」「家事按分振替」（個人事業主の場合）以外の画面はすべてExcelに書き出すことができる
集計	残高試算表	月次・期間、年間推移、部門対比
	補助残高一覧表	月次・期間、年間推移、部門対比
	日次残高推移表	勘定科目別、補助科目別
	日計表	勘定科目別、補助科目別
	現預金明細表	―
決算・申告	決算書作成	法人データのみ
	キャッシュ・フロー計算書	法人データのみ、「弥生会計 17 プロフェッショナル」のみ

　たとえば、残高試算表（年間推移）をExcelに書き出すには、次のように操作します。

❶ クイックナビゲータの「集計」メニューをクリックし、**[残高試算表（年間推移）]** アイコンをクリックします。

❷ ツールバーの **[Excel]** ボタンをクリックします。

❸ 書き出しの条件を設定し、 OK ボタンをクリックすると、Excelが起動し、書き出したデータが表示されます。

※数値には計算式は設定されておらず、数値データのみになります。

●Excelに書き出したデータ

SECTION-33

その他の集計表を利用してみよう

弥生会計では、これまで説明してきた集計表の他に、「残高調整表」「元帳摘要集計表」「摘要損益計算書」、消費税関係の集計表、予算関係の集計表を作成することができます。消費税関係の集計表はクイックナビゲータの「集計」メニューに、予算関係の集計表は「分析・予算」メニューに用意されていますが、それ以外はメニューバーの[集計(E)]メニューから表示します。なお、「元帳摘要集計表」「摘要損益計算書」、予算関係の集計表は、「弥生会計 17 プロフェッショナル」「弥生会計 17 ネットワーク」のみの機能です。

■残高調整表について

「当座預金」の取引は通帳がないケースが多く、小切手を振り出しても決済までにタイムラグがある場合がほとんどです。決算のときに、帳簿上の「当座預金」の残高と銀行から取り寄せた「当座勘定照合表」の残高に相違が出た場合に、調整を行うための集計表です。

33-1 残高調整表を作成する

ここでは、残高調整表を作成して印刷してみましょう。

1 当座預金の取引のうち、未落ちなどについては、あらかじめ「預金出納帳」画面（127ページ参照）や、「総勘定元帳（補助元帳）」画面（167ページ参照）で確認して「調整」欄を2回クリックし、チェックを付けておきます。

1 チェックを付けておく

「未落ち」とは、会計上の処理は終わっていても実際に口座から引き落とされていない預金取引のことです。

2 [集計(R)]→[残高調整表(C)]を選択します。

3 「勘定科目」「補助科目」「期間」を選択し、[集計]ボタンをクリックします。集計結果が表示されるので、調整後の残高を確認し、ツールバーの[印刷]ボタンをクリックします。

帳簿などで「調整」にチェックを付けた取引が集計され、「当座預金」勘定の残高が当座預金の照合表に合うように調整した集計表を作成することができます。

4 書式を選択し、[OK]ボタンをクリックします。

■元帳摘要集計表について　　　プロフェッショナル

　元帳摘要集計表では、「摘要」に入力された文字列で集計を行うことができます。摘要に入力した文字列をそのまま集計に使うため、摘要入力に関する規則（経費仕訳入力の際には個人名を必ず入力する、プロジェクト名は必ず入力する、など）を付けておいた方がよいでしょう。また、同じ言葉でも大文字・小文字や半角・全角は、別の文字として集計されてしまうので、キーワードとなる摘要の入力は「摘要辞書」を使って毎回同じ名前になるようにしましょう。なお、摘要を集計に使用するだけでなく、勘定科目や摘要、部門などの項目を縦軸と横軸に配置して、オリジナルの集計表を作成することができます。

33-2　元帳摘要集計表を利用して個人別の経費の集計表を作成する

　ここでは、各従業員が、指定期間に経費をいくら使用したかを集計する「個人別経費使用集計表」という帳票を「元帳摘要集計表」画面から設定してみましょう。

※経費支払の仕訳入力時に、どの従業員が使用した経費かわかるように、摘要に従業員名を入力しておきます。

1　[集計(R)]→[元帳摘要集計表(L)]を選択します。

2　ツールバーの[集計表設定]ボタンをクリックします。

3 追加(A) ボタンをクリックします。

この後、集計表の新規追加画面が表示されます。

4 [集計表名(M)]に集計表の名前を入力して、[行(縦軸)(R)]で「科目」を選択し、[統計(V)]をONにして、設定(S) ボタンをクリックします。

5 追加(A) ボタンをクリックします。

6 集計したい勘定科目を選択し、登録 ボタンをクリックします。

7 操作例 5 〜 6 の要領で、集計したい勘定科目を追加し、OK ボタンをクリックします。

8 [列(横軸)(C)]で「摘要」を選択し、[横計(H)]をONにして、設定(E) ボタンをクリックします。

9 追加(A) ボタンをクリックします。

10 集計したい摘要名を選択して、登録 ボタンをクリックします。

※ をクリックすると、「摘要辞書」に登録した従業員名を選択することができます。

11 操作例 **9** ～ **10** の要領で、集計したい摘要名を追加し、 OK ボタンをクリックします。

12 登録 ボタンをクリックします。

13 閉じる ボタンをクリックします。

14 [集計表名(M)]で登録した集計表名を選択し、集計する期間を設定して、[集計]ボタンをクリックします。

■摘要損益計算書について　　　　　　　　　　　　　　　プロフェッショナル

「摘要損益計算書」では、摘要に指定した文字が含まれる仕訳のみを集計した損益計算書を作成することができます。売上や経費支払を、部門よりもっと細かな現場ごとに集計したい場合や、部門の枠にとらわれず行われるプロジェクトごとに集計を行いたい場合には、仕訳入力時に、どの現場等の取引なのかがわかるように摘要に現場名などを入力しておきます。大文字・小文字、半角・全角は別の文字として集計されるため、仕訳入力時の摘要の入力方法には注意が必要です。「摘要辞書」から選択して入力すると間違いがありません。

33-3　摘要に入力したキーワードでまとめて損益計算書を作成する

ここでは、摘要に入力した現場名ごとの損益を確認してみましょう。

1 [集計(R)]→[摘要損益計算書(P)]を選択します。

2	ツールバーの[計算書設定]ボタンをクリックします。
3	[追加(A)]ボタンをクリックします。

この後、計算書の新規追加画面が表示されます。

4	[計算書名(M)]に計算書の名前を入力し、[行(縦軸)(R)]で「損益科目」を選択して、[列(横軸)(C)]で「摘要」を選択し、[設定(S)]ボタンをクリックします。
5	[追加(A)]ボタンをクリックします。

第5章 ● 集計作業を行ってみよう 199

6 集計したい現場名を入力し、[登録]ボタンをクリックします。

[▼]をクリックすると、「摘要辞書」に登録した現場名を選択することができます。

7 操作例 5 ～ 6 の要領で、集計したい現場名を追加し、[OK]ボタンをクリックします。

8 [OK]ボタンをクリックします。

9 [閉じる]ボタンをクリックします。

10 [計算書名(M)]で登録した計算書名を選択し、集計する期間を設定して、[集計]ボタンをクリックします。

摘要をキーにした集計は応用レベルになりますが、補助科目よりもっと細かい集計や、部門を越えた集計など、会社独自のオリジナル集計表を作ることができます

第5章 ● 集計作業を行ってみよう　201

■消費税に関する集計資料について

　弥生会計では、消費税を課税の設定にした場合、消費税は自動計算されています。「消費税申告書」(231ページ参照)も自動集計で計算結果を表示しますが、仕訳の入力が正しくないと間違ったまま消費税申告書を作成することになります。そのため、消費税申告書を作成する前には、必ず消費税に関する集計資料から仕訳の内容を確認しましょう。

　弥生会計では、「消費税集計表」と「科目別税区分表」を作成することができます。クイックナビゲータの「集計」メニューに[消費税集計表]アイコンと[科目別税区分表]アイコンが用意されています。なお、消費税に関する処理と集計資料の作成は、231ページを参照してください。

■予算実績対比表の利用　　プロフェッショナル

　「弥生会計 17 プロフェッショナル」「弥生会計 17 ネットワーク」で予算管理を行っている場合、予算と実績を対比させた集計表を確認することができます。これらの画面はクイックナビゲータの「分析・予算」メニューに用意されているアイコンから表示することができます。予算実績対比表は残高試算表と同様、「月次・期間」「年間推移」「部門対比」の帳票があります。また、あらかじめ予算設定を行っておく必要があります。なお、予算設定を行い、予算管理を行う方法については、305ページを参照してください。

ONE POINT　Excelに書き出せないデータをテキストデータとして書き出す方法

　弥生会計に入力されたデータを別のソフトで加工して使用したい場合はExcelに書き出すと便利ですが、すべての画面でExcelにデータを書き出すことができるわけではありません。そのような場合は、「エクスポート」機能を使って、データをテキストデータとして書き出すことができます。これを使いこなすと、弥生会計のデータから、いろいろな資料を作ることができるので覚えておくと便利です。区切り文字は「カンマ(CSV)形式」「タブ形式」「スペース形式」から選択することができます。「エクスポート」機能は帳簿や伝票、集計表など、ほとんどの画面で対応しています。

　たとえば、「科目設定」画面から勘定科目一覧表を「カンマ(CSV)形式」でエクスポートするには、次のように操作します。

❶ クイックナビゲータの「導入」メニューをクリックし、[科目設定]アイコンをクリックします。

❷ [ファイル(F)]→[エクスポート(E)]を選択します。

❸ [区切り文字(D)]で[カンマ(CSV)形式]をONにして、 参照(B)... ボタンをクリックします。

❹ 保存先を指定し、[ファイルの種類(T)]で「すべてのファイル(*.*)」を選択して、[ファイル名(N)]には保存したいファイル名に拡張子「.CSV」を付けて入力し(たとえば「kamoku.csv」と入力)、 保存(S) ボタンをクリックします。
　※拡張子が「.CSV」のファイルは、Excelで直接開いて加工することができます。

❺ OK ボタンをクリックします。

❻ 「エクスポートは正常に終了しました。」というメッセージが表示されたら OK ボタンをクリックします

●保存したファイルをExcelで表示したところ

ⓞNE POINT　他のソフトウェアで作ったデータを弥生会計で利用する方法

　他のソフトウェアで作ったデータを弥生会計に取り込むには、「インポート」機能を利用します。インポートできるデータは、次の表の通りです。インポートするデータは、「弥生インポート形式」（データの並びや区切り記号などが弥生会計に取り込めるようになっているテキストデータ）で作成されている必要があります。インポート形式の詳細については弥生会計のマニュアルをご参照ください。インポートを行うには、各画面のメニューバーから[ファイル(F)]→[インポート(I)]を選択し、メッセージに従って操作します。

インポート可能なデータ	インポート先の画面	インポート先の画面を表示する操作（メニュー表示）
勘定科目のサーチキー	科目設定	[設定(S)]→[科目設定(K)]
仕訳データ	仕訳日記帳	[帳簿・伝票(C)]→[仕訳日記帳(J)]
勘定科目の期首残高データ	科目残高入力	[設定(S)]→[科目残高入力(Z)]
仕訳辞書データ	仕訳辞書	[設定(S)]→[取引辞書(D)]→[仕訳辞書(S)]
伝票辞書データ	伝票辞書	[設定(S)]→[取引辞書(D)]→[伝票辞書(D)]
摘要辞書データ	摘要辞書	[設定(S)]→[取引辞書(D)]→[摘要辞書(Y)]
かんたん取引辞書データ	かんたん取引辞書	[設定(S)]→[取引辞書(D)]→[かんたん取引辞書(K)]
受取手形データ	受取手形一覧	[拡張機能(X)]→[手形管理(T)]→[受取手形一覧(U)]
支払手形データ	支払手形一覧	[拡張機能(X)]→[手形管理(T)]→[支払手形一覧(S)]

※勘定科目は、サーチキーのみインポート可能です。勘定科目や補助科目はインポートできません。また、仕訳データは、インポート先のデータの会計期間に対応する日付のデータ以外はインポートされません。

※仕訳データのインポートについては、同一名称の勘定科目名が複数登録されていると、エラーが表示され、仕訳の取り込みができません。別の名称に変更する必要があります。

ⓞNE POINT　PDFファイルへの出力について

　帳簿や伝票、集計表などの印刷ダイアログ画面で、プリンターを選択する際に、[PDFファイルの作成]を選択して　OK　ボタンをクリックすると、PDFファイルを作成することができます。この機能を使用する場合、プリンターの一覧に「Microsoft XPS Document Writer」が登録されている必要があります。

税理士からのコメント　試算表の見方

　せっかく弥生会計を使って経理処理をしたとしても、出力される試算表の見方がわからなければ、もったいないですよね。ここでは簡単に、試算表の見方をレクチャーしましょう。

■ 貸借対照表

　貸借対照表では、現金預金・売掛金・固定資産などの資産、債務全般の増減やバランスを見ます。期間を指定できますので、その期間中の増減について再度確認をしたりします。

　特に、受取手形や売掛金や在庫品の金額増については、現金預金の増減と合わせて、その原因を細かく確認しましょう。また、借入金などの負債と資本とのバランスもチェックする必要があります。

■ 損益計算書

　損益計算書では、売上金額と各利益（売上総利益・営業利益・経常利益など）が表示されます。

　また、販売費や人件費などと各利益とのバランスを見て、現在の経営の状況を把握するようにします。

　通常、貸借対照表や損益計算書を単体で見ることはせず、両者を分析しながら総合的に判断をします。

第 6 章

決算準備をしてみよう

34	決算って何?	206
35	各勘定科目の残高を確認しよう	208
36	決算整理仕訳を入力しよう①（棚卸）	211
37	決算整理仕訳を入力しよう②（固定資産管理と減価償却）	213
38	決算整理仕訳を入力しよう③（家事按分）	226
39	決算整理仕訳を入力しよう④（見越・繰延）	228
40	消費税申告書を作成しよう	231

SECTION-34

決算って何?

決算は年に1度の作業です。やり方を覚えたとしても1年も経てば忘れてしまうのでなかなか慣れるのは難しいと思います。しかし、決算はとても大切な作業ですし、ここで確定した数字というのは法人税や所得税を計算する上でもとても重要です。まずは、決算の概略・決算業務の流れを把握しましょう。

決算とは

営業活動の結果、いくらの儲けが出たのか、財産の状態はどうなっているのか、ということを計算してまとめる、一連の作業のことを「決算」といいます。

決算は、営業活動を1年間という一定期間(会計期間)に区切って行います。この会計期間の開始日を期首日、最後の日を期末日(決算日)といいます。個人事業主の場合、1月1日から12月31日までが会計期間です。法人の場合は、期首日・期末日を任意の日に定めることができます(期間は通常1年間)。たとえば、3月末決算の場合は4月1日から翌年の3月31日までが会計期間となります。

決算書について

個人で事業を営んでいる方も、法人の場合も、取引先・株主・従業員・国や地方自治体など、さまざまな立場の人とさまざまな形で関わっています。その人たちに対して、会社の状況を報告する必要があります。

決算時に作成する報告用の資料が決算書(「貸借対照表」や「損益計算書」など)です。

主な決算書のうち、「貸借対照表」は、決算日現在の「資産」「負債」「資本(純資産)」の残高を表します。この残高は、翌年度の期首日現在の開始残高となります。

また、「損益計算書」は、1年間に発生した収益(売上や雑収入など)と、費用(仕入や経費など)を集計し、その差額の利益を求めるものです。1年間で区切るので、翌年度の収益や費用の計算は、またゼロからスタートです。

決算準備について

「貸借対照表」は、決算日現在の「資産」「負債」「資本(純資産)」の状態を表示しています。弥生会計の各勘定科目の残高と実際の有高とが合っていなければならないため、決算準備として、この照合を行っていきます。もし違っている場合は、原因を追求し、正しい残高になるように仕訳を追加・修正・削除していきます。

「損益計算書」は、1年間の「収益」「費用」を集計し、その差額から利益を計算していきます。決算処理時は、「事業にかかるもののみ」「その会計期間に発生したもののみ」「費用は収益に対応したもの」「発生が予想される費用はこれに備え、考慮する」などの点に気を付けながら集計結果を確認し、仕訳を追加・修正・削除していきます。

■ 決算の手順

　決算前には、正しい決算書を作成するために、1年間の取引を見直し、各勘定の残高が正しいかどうかを確認していく作業と、決算特有の仕訳（決算整理仕訳といいます）を入力していく作業があります。そして、それらを元に決算書を作成し、さらに申告書の作成までを行います。会社の業種や規模によって必要となる決算処理のボリュームも異なってくると思いますが、一般的な処理の流れを確認してみましょう。

※手順の「決算書の作成」以降の順番は、必ずしもこの通りではありません。

① 決算準備（208〜210ページ参照）

決算処理を行う前に残高試算表を作成し、各勘定科目の残高を確認します。次に、入力した取引が正しいかどうか、総勘定元帳で必ず確認します。ひととおり総勘定元帳をチェックした後に、さらに残高試算表を画面で確認していきましょう。

② 決算整理仕訳の入力（211〜246ページ参照）

決算に特有の仕訳を入力します。

③ 残高の最終確認

決算整理仕訳を入力した後に再度残高試算表を作成し、各勘定の残高を最終確認します。ここで確定した数値を元に決算書が作成されます。

④ 決算書の作成（252〜274ページ参照）

決算書の設定作業を行い、決算書を作成します。「法人」か「個人」か、また規模などによって、作成が必要な決算書が異なります。

⑤ 繰越処理・元帳印刷（275〜286ページ参照）

決算後の作業を行います。「総勘定元帳」を印刷し、翌年度の入力ができる状態に事業所データの繰越処理を行います。

⑥ 税金の申告・納付（286〜292ページ参照）

申告書の作成を行います。「法人税申告書」は作成できません。弥生会計では、「消費税申告書」と、「勘定科目内訳書（法人）」「法人事業概況説明書（法人）」「確定申告書B表（個人）」のみに対応しています。

SECTION - 35

スタンダード　プロフェッショナル

各勘定科目の残高を確認しよう

　決算前には、各勘定科目の残高を確認します。主に「残高試算表」と「総勘定元帳」を使って画面を確認していきます。

■ 残高を確認するポイント

　残高を確認するポイントは、次の通りです。

● 現金の残高は合っているか？

　現金は、弥生会計で計算された残高と、実際の金庫の有高とが合っているかを確認します。合わない場合、原因を究明し、必要な仕訳を追加します。もし、原因の究明ができない場合は、「雑収入」か「雑損失」に振り替えます。

● 預金の残高は合っているか？

　預金は、銀行ごとに決算期末の残高証明書や、通帳の残高を確認し、弥生会計で計算された残高と照合します。合わない場合は原因を突き止め、必要な仕訳を追加します。当座預金の小切手による取引は、多くの場合タイムラグがあるため、照合表を確認し、残高調整表を作成します。

● 手形、売掛金、買掛金の残高は正しいか？

　受取手形の手持ち残、割引・裏書分、支払手形の振出残高、得意先ごとの売掛残、仕入先ごとの買掛残を確認します。

● 貸付金・借入金や未収金・未払金、仮払金、前払金、預り金などの残高は合っているか？

　貸付金・借入金などは証書を確認し、残高を照合しましょう。また、利息や保証料などの計上が正しいかも調べます。その他の資産・負債も、残高を確認します。前期から動きがないものも決算のときには必ずその内容を確認しておきましょう。

● 固定資産や固定負債の処理は適切に行われているか？

　今期購入した固定資産などが計上されているかどうか、売却したもの・除却したもの・廃棄したものがあった場合、適切に処理されているかなどを確認しましょう

● 売上・仕入・経費に関しては、当期のものだけを計上してあるか？

　すべての科目の総勘定元帳を一通りチェックしましょう。特に、決算日前後の取引については、重点的に確認する必要があります。

● 消費税の課税業者の場合、仕訳のときの消費税処理が正しいか？

　すべての科目の総勘定元帳を一通りチェックし、消費税の集計資料を確認します。

35-1 決算整理仕訳入力前の残高試算表を確認する

ここでは、「残高試算表(月次・期間)」画面から、決算整理仕訳入力前の残高試算表を確認しましょう。

1 クイックナビゲータの「集計」メニューをクリックし、[**残高試算表(月次・期間)**]アイコンをクリックします。

2 [**期間(O)**]で期首月から[**決**]を除いた1年間をドラッグします。決算整理仕訳を含んだデータを確認したい場合は、 全期間(P) ボタンをクリックします。

3 各勘定科目（補助科目）の残高を確認していきます。修正したい科目があった場合は、その勘定科目欄（補助科目欄）をクリックして、ツールバーの**[ジャンプ]**ボタンをクリックし、「総勘定元帳」または「補助元帳」を表示させます。

4 残高が間違っている場合、「総勘定元帳」や「補助元帳」よりさらに帳簿や伝票画面に戻って確認・修正を行います。「伝票」形式で入力した仕訳を修正する場合は、その取引の行をダブルクリックするか、ツールバーの**[ズーム]**ボタンをクリックします。修正が終了したら、「総勘定元帳」または「補助元帳」を閉じます。

「総勘定元帳」または「補助元帳」を閉じると「残高試算表」画面に戻るので、残高が正しく修正されたか確認します。

SECTION-36

決算整理仕訳を入力しよう①（棚卸）

決算特有の仕訳（決算整理仕訳）の1つに、棚卸に関する仕訳があります。期首と期末の在庫（期首商品棚卸高・期末商品棚卸高）の仕訳を入力していきます。

※商品の仕入が発生しない場合、または在庫が存在しないような場合、この処理は不要です。

■ 棚卸について

棚卸とは、実際の在庫の数量・金額を把握し、帳簿上の数量・金額と照合する作業のことです。棚卸では、期首・期末の在庫を振り替える仕訳を行います。今期の期首にあった在庫は売上原価に含め、期末に残っている在庫は売上原価からマイナスします。

毎月棚卸を行う会社もありますが、ここでは年に1回棚卸を行う会社の例を考えてみましょう。

> 期首に150,000円分の在庫があった。
> 期末に棚卸をしたところ、在庫は200,000円分だった。

この場合、仕訳は次のようになります。

借　方		貸　方	
期首商品棚卸高	150,000	商品	150,000
商品	200,000	期末商品棚卸高	200,000

- 期首商品棚卸高 150,000 / 商品 150,000 → 前期から繰越した商品の在庫を当期の費用として算入する仕訳
- 商品 200,000 / 期末商品棚卸高 200,000 → 期末に売れ残った商品の在庫を当期の費用から除き、翌期に繰越するための仕訳

※毎月棚卸を行う会社の場合、期首月は上記の仕訳になりますが、それ以降の月は1行目の借方勘定科目が「期末商品棚卸高」となります。

売上原価について

「売上原価」とは、「売上」に対応する直接的な「費用」（仕入れにかかった金額など）のことです。ただし、「仕入れたもの」ではなく、「売れたもの」を計算しなくてはなりません。今年度に仕入れた商品でも、会計期末に売れ残って在庫になっている場合は、「費用」に入れることができません。また、前期末に在庫として前年度の費用から除いた分は、今年度の売上に対応する「費用」として算入します。つまり売上原価は「手元から出て行った商品の金額」ということになります。計算式は、「期首在庫 ＋ 当期仕入高 － 期末在庫」となります。

たとえば、期首に150,000円分の在庫があったとします。期末に棚卸をしたところ、在庫は200,000円分でした。当期の商品仕入高が800,000円の場合の売上原価は、次のようになります。

■ 棚卸の仕訳の作成

棚卸の仕訳を「振替伝票」から入力するには、次のように操作します。

❶ クイックナビゲータの「取引」メニュー（または「決算・申告」メニュー）をクリックし、[**振替伝票**]アイコンをクリックします。決算特有の主な仕訳は[**伝票辞書**]にあらかじめ設定されています。

❷ [**決算仕訳(V)**]から「決算」を選択し、 伝票辞書 ボタンをクリックして、表示された一覧から「棚卸期末一括洗い替え（商品）」を選択します。

❸ 金額を入力し、ツールバーの[**登録**]ボタンをクリックします。

商品のほかに、製品、原材料、仕掛品、貯蔵品などがある場合も同様に棚卸を行います。仕訳例は仕訳アドバイザーなどを参照してください。

> **ONE POINT　月次棚卸を行っている場合（法人データのみ）**
>
> 月次棚卸を行っている場合は、前ページで説明した通り、期首月とそれ以外の月では仕訳が異なりますが、法人データの場合のみ、決算書設定で、棚卸の仕訳の入力を「毎月入力している」を選択することによって、期首月と同様の仕訳を入力しても正しく決算書に表示されるようになりました。
> ※個人事業主のデータではこの機能は使用できません。

SECTION-37
決算整理仕訳を入力しよう②（固定資産管理と減価償却）

　10万円以上の車や機械類（パソコンなども含む）、建物などの資産を購入した場合は、通常の費用ではなく、「固定資産」として登録します。また、決算時には固定資産の取得価額を耐用年数の期間内で「減価償却費」として費用計上していきます。

■ 固定資産と減価償却費について

　10万円以上（※1）の車や機械類（パソコンなどを含む）を購入した場合、「消耗品費」などの費用として処理することはできません。一度固定資産として登録し、その取得価額を耐用年数にわたって分割して費用に計上していきます。

　たとえば、100万円の営業車を購入した場合、「100万円の費用が発生した」のではなく、「100万円の固定資産を購入した」という処理を行います。営業車は使用することによって、「収益」を生み出すことに役立ち、その結果、逆に資産の価値はだんだん減っていきます。そのため、この営業車の稼動する期間中（これを耐用年数といい、この年数は資産の種類や内容によって定められている）に取得価額を分割して毎年資産の価値を減少させ、その減少分を「減価償却費」として「費用」に計上していきます。

　減価償却費の計算方法には「定額法」や「定率法」などがありますが、平成28年の税制改正では建物附属設備・構築物で定率法の適用が廃止されるなど、税制改正が頻繁にあるため、取得年月日により適用となる基準が異なる場合があります。これを手作業で計算して資料を作成するのはとても大変ですが、弥生会計の「固定資産管理」機能を利用すると、「固定資産台帳」に登録された固定資産の「減価償却費」を自動計算し、かつ、仕訳を自動作成します。また、税制改正に対応して、入力された内容から「事業供用開始日」や「残存可能限度額」に達しているかによって減価償却費の計算を自動判定して計算します。その意味からも、弥生会計のバージョンは常に最新の状態にしておくことをお勧めします。

※1）個人事業主や中小事業者には減価償却の特例制度があります。詳しくは税理士か最寄の税務署に確認してください。

■ 固定資産管理の手順

　固定資産管理を行う際の手順は、次のようになります。

① 固定資産管理を行う上での基本設定を確認する（214〜215ページ参照）

② 固定資産を登録する（216〜219ページ参照）

③ 減価償却費の仕訳を自動作成する（219〜221ページ参照）

④ 固定資産関連の資料を印刷する（222〜225ページ参照）

■固定資産管理を行う上での基本設定の確認

固定資産の計算方法の設定や勘定科目の設定、仕訳を自動作成する際の設定を確認しておきましょう。必要に応じて、設定を変更してください。

● 計算方法の設定

［拡張機能(X)］→［固定資産管理(F)］→［計算設定(C)］を選択し、「固定資産計算設定」ダイアログボックスを表示します。

「固定資産計算設定」ダイアログボックスでは、固定資産の取得価額から直接、「減価償却費」相当分を減額する「直接法」と、固定資産の取得価額はそのままにして「減価償却累計額」として間接的に減額する「間接法」の選択や、端数金額の処理方法など、減価償却費の計算に関わる設定を行います。

● 「固定資産計算設定」ダイアログボックス

ここで切り替える

「建物」の減価償却費の入力

■「直接法」の仕訳例

　　　　（借方）　　　　　（貸方）
　　「 減価償却費　XX　／　建物　XX 」

「建物」勘定を直接減額します。

■「間接法」の仕訳例

　　　　（借方）　　　　　（貸方）
　　「 減価償却費　XX　／　減価償却累計額　XX 」

「建物」勘定は減額せず「建物」の帳簿価額のうち、すでに償却を行った分として「減価償却累計額」で間接的にマイナス表示します。

● 科目の設定

[拡張機能(X)]→[固定資産管理(F)]→[科目設定(K)]を選択し、「固定資産科目設定」画面を表示します。

「固定資産科目設定」画面では、固定資産台帳への登録時に勘定科目を選択すると表示される初期値と、自動仕訳を作成するときに使用する勘定科目などを、固定資産の種類（勘定科目）ごとに設定します。

なお、初期設定の勘定科目には、あらかじめ固定資産の初期値が設定されているので、通常は変更する必要はありませんが、必要に応じて確認・修正しましょう。

●「固定資産科目設定」画面

● 仕訳の設定

[拡張機能(X)]→[固定資産管理(F)]→[仕訳設定(I)]を選択し、「固定資産仕訳設定」ダイアログボックスを表示します。

「固定資産仕訳設定」ダイアログボックスでは、固定資産の減価償却費や除却損に関する仕訳を自動作成する際の設定を行います。

●「固定資産仕訳設定」ダイアログボックス

37-1 固定資産を登録する

　ここでは、平成28年4月1日に購入し、即日事業用に使用した営業車（取得価額：150万、定額法、耐用年数：6年）を登録してみましょう。購入の仕訳は帳簿や伝票などの入力画面で入力しますが、その他に固定資産一覧の画面で登録を行います。

※取得価額は、消費税免税事業者と税込経理を採用している場合は税込額で入力します。税抜経理を採用している場合は税抜額で入力します。

1 クイックナビゲータの「決算・申告」メニューをクリックし、[固定資産管理]アイコンをクリックします。個人データの場合は[減価償却資産の登録]アイコンをクリックします。

2 ツールバーの[新規作成]ボタンをクリックします。

3 「固定資産の新規登録」画面が表示されるので、情報を入力して 登録 ボタンをクリックします。

① 情報を入力する
② クリック

今期以前に購入した資産を登録する場合は、「期首償却累計額」に前期までに償却した減価償却費の累計金額を入力します。前期の決算書がある場合は確認の上入力しましょう。減価償却費の計算例は219ページの例をご参照ください。わからない場合は、税理士の先生か最寄りの税務署にお問い合わせください

※この画面は法人データの場合です。個人データの場合については次ページを参照してください。

項目移動に↵キーは使えません。 登録 ボタンや OK ボタンを押したのと同じ操作になってしまいます。項目移動にはキーボードの Tab キーを使いましょう。

税理士からのコメント　耐用年数について

　減価償却を計算する際の大切なデータの1つに、その資産の「耐用年数」というものがあります。
　簿記の試験では「建物　定額法　耐用年数30年」などという記述がありますが、実務では自分で耐用年数を調べなくてはなりません。また、一口に「建物」といっても、構造や材質によって耐用年数は違います。弥生会計では「ヘルプ」メニューよりPDF形式で耐用年数表が提供されていますが（225ページ参照）、判断に迷ったら税理士か最寄りの税務署に相談してみましょう。誤った耐用年数を用いて計算し続けることはよくありません。耐用年数が変われば毎年の減価償却費の金額も変わりますし、その結果その年の利益の金額にも大きな影響を及ぼし、かつ、その年の納税額も変わってくるからです。

第6章 ● 決算準備をしてみよう　217

ONE POINT 法人と個人の設定画面の違い

個人データの場合、固定資産一覧の[**新規作成**]ボタンをクリックすると、簡易設定画面が表示されます。法人と同様の詳細登録画面に切り替えたい場合は、[**拡張機能(X)**]→[**固定資産管理(F)**]→[**登録/編集設定(R)**]を選択し、「詳細登録」の欄に「○」を付け、 OK ボタンをクリックします。

※今年度新規に取得した資産を登録する場合は、右下に赤文字で注意コメントが表示されます。固定資産取得の仕訳は別途入力する必要があります。

ONE POINT　固定資産を事業と自宅で共用している場合

個人事業主で、固定資産を事業用と自宅用で共用している場合には、事業用に使用している部分にかかる減価償却費のみ経費に算入します。「事業専用割合」欄に、事業で使用している割合を入力しておくと、仕訳作成時に自動振替を行います。

■ 減価償却費の仕訳の例

固定資産を登録すると、減価償却費の仕訳は自動作成することができますが、ここでは減価償却費の計算の仕方を学ぶために、次の例を考えてみましょう（会計期間が平成29年4月〜平成30年3月の場合）。

> 今期（平成29年12月1日）に1,000,000円で車両を購入した（決算は3月末、耐用年数は6年、毎年同じ金額の価値が下がる「定額法」で計算）。

1年分の減価償却費の計算は、取得価額×償却率（耐用年数により決定）で算出しますが、今期の償却費は12月〜3月までの4カ月分のみ計上します。

この例の場合、仕訳は次のようになります。

借　方	貸　方
減価償却費　55,666	車両運搬具　55,666

※直接法（214ページ参照）の場合の仕訳です。

計算式
$1,000,000 \times 0.167 \times (4 \div 12) = 55,666$
（取得価額）　（償却率）　($\frac{4}{12}$カ月分)

※定額法6年の償却率は0.167です。

37-2　減価償却費の仕訳を自動作成する

ここでは、固定資産一覧の画面（クイックナビゲータの「決算・申告」メニューをクリックして[固定資産管理]アイコンをクリック）から、減価償却費の仕訳を自動作成してみましょう。

1 ツールバーの[仕訳書出]ボタンをクリックします。

ここでは、図のように固定資産が設定されていることとします。なお、固定資産が登録されていないと[仕訳書出]ボタンはクリックできない状態になっています。

2 登録してある固定資産のうち、今年度減価償却費が発生するすべての資産の減価償却費を、勘定科目ごとに一括で計算し、仕訳を自動作成します。年1回の決算仕訳として作成する場合は、**[本決算仕訳として書き出す]**をONにして、OKボタンをクリックします。

3 内容を確認し、ツールバーの**[登録]**ボタンをクリックします。

「仕訳書出」は1件ずつではなく、「固定資産一覧」画面から、今年度の減価償却費を勘定科目ごとにまとめて書き出します。

ONE POINT 減価償却方法について

　弥生会計で設定されている減価償却方法は次の表の通りです。資産の区分(勘定科目)や個人事業主か・法人かなどによって、選択できる償却方法が定められています。それぞれの減価償却方法の詳細については、税理士か最寄りの税務署におたずねください。

減価償却方法	内　容
定額法	耐用年数にて、毎年定額を償却する。毎年の減価償却費は同額
定率法	未償却残高に耐用年数により算出される一定の償却率を掛けた金額を償却する。初年度の減価償却費が多くなる
均等償却	支出の効果の及ぶ期間(償却月数)で、毎年度均等に償却する(残存価額0)
一括償却	年度ごとに一括して(月割りはしない)、3年間で償却する。20万円未満の資産に適用できる(残存価額0)
即時償却 (少額減価償却資産)	租税特別措置法により特例的に認められている処理方法。平成28年10月現在、平成30年3月31日までに購入した少額減価償却資産(30万円未満)を、事業供用開始日を含む年度で全額費用として処理することが認められている。適用にあたっては、「青色申告を行う中小企業者等であること(資本金1億円以下、従業員1000人以下など)」「適用される減価償却資産は年間合計300万円まで」など、いくつか条件がある
任意償却	任意の金額を償却する
非減価償却資産	減価償却の対象とならない資産に設定する。償却を行わない資産も一括して管理することができる

ONE POINT 「一括償却資産」として登録した固定資産について

「一括償却資産」の償却仕訳は「仕訳書出」機能で自動作成することができません。振替伝票などの画面から直接入力してください。

※減価償却の仕訳で貸方にくる固定資産科目の消費税の税区分は「対象外」です。

ONE POINT 「仕訳書出」できる仕訳について

「仕訳書出」できる仕訳は、固定資産の除却と、減価償却費の仕訳のみです。固定資産購入時の仕訳や売却時の仕訳は書き出しができないので、固定資産の登録の他に、帳簿や伝票から仕訳を手入力します。

■ 固定資産関連の資料の印刷方法

固定資産関連の資料を印刷するには、メニューバーの[拡張機能(X)]→[固定資産管理(F)]→[固定資産一覧(L)](または[一括償却資産一覧表(A)]や[償却資産申告用資料(S)])を選択して印刷用の画面を表示し、印刷を行います。

「固定資産一覧」画面から印刷する資料

「固定資産一覧」画面から印刷できる帳票の種類は次の通りです。

- 固定資産台帳 兼 減価償却計算表(簡易・詳細)
- 固定資産台帳(履歴)
- 固定資産計算(登録)表
- 固定資産一覧表
- 償却額推移表

これらの資料を印刷するには、[拡張機能(X)]→[固定資産管理(F)]→[固定資産一覧(L)]を選択し、ツールバーの[印刷]ボタンをクリックして、[印刷帳票(K)]から該当の帳票を選択し、 OK ボタンをクリックします。

「一括償却資産一覧表」画面から印刷する資料

「一括償却資産一覧表」画面から印刷できる帳票は次の通りです。

- 一括償却資産一覧表
- 一括償却資産償却履歴

「一括償却資産」の減価償却費については「固定資産一覧」画面で確認することはできません。[拡張機能(X)]→[固定資産管理(F)]→[一括償却資産一覧表(A)]を選択し、ツールバーの[印刷]ボタンをクリックして、[印刷帳票(K)]から該当の帳票を選択し、 OK ボタンをクリックします。

第6章 ● 決算準備をしてみよう 223

ONE POINT 「弥生会計 17」に用意されている「減価償却資産の耐用年数表」

　弥生会計のヘルプメニューから、「減価償却資産の耐用年数表」を確認することができます。「減価償却資産の耐用年数表」を表示するには、**[ヘルプ(H)]→[マニュアル(M)]→[減価償却資産の耐用年数表(K)]**を選択し、確認したい内容をクリックして、PDFファイルを確認します。なお、減価償却の耐用年数は同じ建物だとしても材質などでとても細かく分かれており、慣れないとなかなか判断がつかない場合があります。その場合には税理士か最寄りの税務署に確認してみましょう。

●弥生会計のヘルプメニュー

●減価償却資産の耐用年数表（別表第一～別表第八）

「減価償却資産の耐用年数表」はPDFファイルでの提供となり、Windows10では閲覧の初期設定はMicrosoftEdgeで開くことができます。Adobe Acrobat Reader等PDF閲覧ソフトで開きたい場合は、別途ダウンロード等した上で設定が必要です。

税理士からのコメント　固定資産の減価償却の方法

固定資産の減価償却の方法はさまざまです。たとえば、19年の4月1日以降の会計年度で期首に15万円のパソコンを購入した場合で見てみましょう。

右図から、「15万円」の資産が含まれるところを確認すると、3通りから選ぶことができます。選択した計算方法により、計上される減価償却費が異なります。

【方法1】通常の減価償却を行う［パソコン耐用年数4年（平成28年10月現在）で償却］
　　150,000×0.25＝37,500円（定額法の場合）
【方法2】一括償却を行う［3年間で均等償却する（月割りはしない）］
　　150,000÷3＝50,000円
【方法3】少額減価償却資産として即時償却を行う［いったん固定資産に計上した後、
　　　　　全額を経費に算入する］
　　150,000円
　※平成29年3月31日までに取得した減価償却資産に適用が可能（平成28年10月現在）。

どの方法で処理をするのが自社にとって一番いいのか、確認してみましょう。なお、その資産の償却について、一度採用した方法を途中で変更することは原則としてできないので注意が必要です。

第6章 ● 決算準備をしてみよう　225

SECTION-38

スタンダード　プロフェッショナル

決算整理仕訳を入力しよう③（家事按分）

※個人事業主のみ

　個人事業主の場合、事業用に使ったものと事業用でないものを日々の仕訳で分けられない場合は決算で「家事按分」を行い、事業用と自宅用に一括で分けます。弥生会計の「家事按分」機能で自動計算したり、仕訳を自動作成することができます。

■ 家事按分について

　個人事業主の場合、経費として認められるものは「事業用に使ったもの」に限られます。1年間の取引を入力していく上で、いちいち分けて入力することが大変な場合、決算で分割する作業を行います。

　個人事業主の人からよく訊ねられるのが、「自宅と事業との按分計算の按分基準」についてです。按分基準には「床面積」「人数」などがありますが、画一的に「これだ！」というものはありません。やはり実態に応じて決めるべきでしょう。

※「按分（あんぶん）」とは、物品や金銭などを、基準となる数や量に応じて割り振ることをいいます。

❶ 「事業用に使ったもの」を個人のお金で支払っている場合

　「事業主から借りて経費を支払った」という仕訳を振替伝票画面から追加します。

　たとえば、100%仕事で使用する携帯電話代（1年分50,000円）を、個人の通帳から支払っていたという場合は、次のようになります。

借　方		貸　方	
通信費	50,000	事業主借	50,000

※「事業主借」勘定は、事業との収入とは関係のない事業主個人のお金が入金されたことによって、事業用の現金や預金が増えたときに使用する勘定科目です。

❷ 「事業用に使ったもの」として入力した経費の中に個人で使用した経費が含まれている場合

　「個人使用分の経費は事業の経費からマイナスし、事業主への貸しとする」という仕訳を追加します。この処理については、弥生会計のクイックナビゲータ「決算・申告」メニューの「家事按分」画面で仕訳を作成することができます。たとえば、自宅兼店舗の水道光熱費をすべて経費として入力し（1年分で200,000円）、自宅兼店舗の床面積のうち店舗部分は40%という場合は、次のようになります。

借　方		貸　方	
事業主貸	120,000	水道光熱費	120,000

※200,000円×40%＝80,000円が経費に計上する水道光熱費です。すでに計上されている200,000円から自宅使用分（60%）の120,000円をマイナスします。

※「事業主貸」勘定は、生活費を事業用の口座から引き出すときや、事業用のお金を経費にできないプライベートの用途で支出する場合に使用する勘定科目です。

■ 家事按分の仕訳の作成方法

　上記❷の場合、経費に含まれる個人で使用した分を割合に応じて、経費より自動計算してマイナスする「家事按分」機能が用意されています。

❶ クイックナビゲータの「決算・申告」メニューをクリックし、[家事按分]アイコンをクリックします。

❷ 「家事按分振替」画面から按分したい勘定科目を選択し、事業割合（仕事で使っている分）・家事割合（自宅分）を入力し、[集計]ボタンをクリックします。家事振替額を確認の上、[仕訳書出]ボタンをクリックします。

●「家事按分振替」画面

❸ 登録確認メッセージが表示されるので、[はい(Y)]ボタンをクリックすると、「仕訳日記帳」画面が表示され、決算仕訳として按分仕訳が登録されます。

※①決算整理仕訳として入力した取引は集計されません。
　②仕訳書出を重複して行った場合は後から書き出した仕訳で上書きされます。
　③月ごとの按分はできません。年度末に一度の按分となります。
　④消費税率が複数混在している場合は、税率別に計算するので手計算した場合と1円の誤差が出る場合があります。
　　また、入力した経費仕訳の税計算区分が別記の場合、別記で入力した「仮払消費税等」は集計されません。

第6章 ● 決算準備をしてみよう　227

SECTION-39

決算整理仕訳を入力しよう④（見越・繰延）

スタンダード　プロフェッショナル

発生主義（128、131ページ参照）で仕訳を作成している場合、取引の発生と現金の授受にずれが生じる場合があります。決算時には、前期に処理している取引や翌期の取引を当期の計算から除き、1年間の「収益」と「費用」を確定させる必要があるため、これらの取引については個別に処理を行う必要があります。

■ 経過勘定について

取引の発生と現金の授受にずれが生じる場合の処理として、「未収収益」「未払費用」「前受収益」「前払費用」の4つの勘定科目のうちのいずれかに仕訳します。これらをまとめて「経過勘定」といいます。また、本年分の収益・費用に算入すべきものを追加する処理を「見越」といい、「未収収益」「未払費用」がこれに相当します。また、本年分の収益・費用にすべきでないものを除く処理を「繰延」といい、「前受収益」「前払費用」がこれに相当します。実務では簡便的な方法を取る場合もありますが、決算仕訳として登録したこれらの経過勘定は、翌期首に反対仕訳を起こして取り消します。

これらの取引は、振替伝票（139ページ参照）から入力してください。

● 今年度分の「収益」となるけれどまだ入金されていない場合

「未収収益」として処理します。

※図は法人のみの仕訳です。実務では預金利息などと区別するために「受取利息」勘定ではなく、「雑収入」勘定で処理する場合があります。

ONE POINT　個人事業主の仕訳の場合

個人事業主の場合、利息は「利子所得」となるため、事業所得の計算に含めないようにします。年度の途中で預金利息が普通預金に付いたようなケースでは、「借方」の勘定科目を「普通預金」、「貸方」の勘定科目を「事業主借」にします。

● 今年度分の「費用」となるけれどまだ請求書が来ないなどの理由で支払いをしていない場合

「未払費用」として処理します。

● 次年度の「収益」となるものがもうすでに入金されている場合

「前受収益」として処理します（入金時に「受取家賃」として計上されている場合の処理）。

※図は法人のみの仕訳です。不動産業が本業ではない場合の例として、「受取家賃」という勘定科目を使用していますが、法人データでは弥生会計に初期設定されていません。「営業外収益」区分の中に勘定科目を追加しています。個人事業主の不動産業の場合は次のONE POINTを参照してください。なお、住宅家賃の場合は消費税の非課税取引に該当しますが、事務所家賃については課税取引となります。

> **ONE POINT** 個人事業主の場合に使用する勘定科目
>
> 　法人では借方勘定科目に「受取家賃」を使用しましたが、個人事業主の場合、「不動産損益科目」の[不動産収益]区分に初期設定されている「[不]賃貸料」勘定を使用します。ただし、「不動産損益科目」は、事業所データ作成時の業種の選択で、「個人／一般」や「個人／農業」を選択している場合には勘定科目をオプションで追加する必要があります。「事業所設定」ダイアログボックス（クイックナビゲータの「導入」メニューから[事業所設定]アイコンをクリックして表示）の「勘定科目オプション設定」で[**不動産に関する科目を使用する**]がONになっていないと表示されません。

● 次年度の「費用」となるものがもうすでに支払われている場合

「前払費用」として処理します。
たとえば、次のような例を紹介します。

> 3月末決算に当たり、残高試算表を確認したところ、「支払利息」が600,000円であった。これは、3月1日に10,000,000円を1年間の期日で借り入れ、年利6％の利息を前払いで支払った取引であった。

この場合、今期に計上する利息は3月の1カ月分のみで、あとの11カ月分は翌期の費用になります。

借　方	貸　方
前払費用　550,000	支払利息　550,000

ONE POINT　その他の決算整理仕訳

　この項目で紹介した以外の決算整理仕訳には、各種「引当金」の計上や未使用の消耗品、貯蔵品の振替処理などがありますが、必要に応じて処理を行っていきましょう。

税理士からのコメント　倒産と貸し倒れ

　取引先の倒産、連鎖倒産などにより債権回収ができず、貸し倒れとなることが時々あります。経済状況が悪化すれば加速度的にその可能性は高くなります。
　基本的に取引とは「倒産」というリスクと常に隣り合わせです。まずはそのようなリスク回避のため、取引先の与信をしっかり取る、決算書を取り寄せ検討する、などの自己防衛措置は図る必要があるでしょう。
　会計的にみますと、完全に倒産してしまい債権回収が不可能というときには、「貸倒損失」としてその期の費用として計上します。また、将来の貸し倒れに備え、「貸倒引当金」として税法の規定により計算した金額を、その期の費用として計上することも、一定の要件のもとに認められています。

SECTION-40

消費税申告書を作成しよう

　消費税は実際に税金を負担する消費者の代わりに、事業者が「預った消費税」と「支払った消費税」の差額を納付します。消費税の課税業者の場合、1年間の取引を集計し、「消費税申告書」を作成して、必要な消費税振替処理を行います。「弥生会計 17」では、平成28年10月現在、消費税申告書は税率5％と8％の書式に対応しています。今後、画面や帳票が変更になる可能性があります。なお、消費税に関する詳しい説明は、付録の295～297ページを参照してください。

※消費税申告に関する設定、消費税申告書作成画面はライセンス認証をしていないと開くことができません。
※個人事業主の場合、平成28年度の申告（平成29年3月）より、マイナンバーの記載が必要となります。

■ 消費税集計資料を用いた確認作業

　弥生会計の消費税設定で「課税」の設定をしている場合、日常の仕訳を入力するときに、消費税は自動計算されています。納付すべき消費税額は、「税抜処理」「税込処理」のどちらを選択しても変わりはありませんが、日常の仕訳が正しくなければ正しい「消費税申告書」を作成することができません。間違いがないかどうか、作成前には集計資料から必ず確認しましょう。
　クイックナビゲータの「集計」メニューの消費税集計資料には、「消費税集計表」と「科目別税区分表」があります。

● 科目別税区分表

本則課税の場合の確認ポイント

　本則課税の場合は、消費税がかかる取引「売上」「仕入」「費用」などの仕訳内容を細かく確認していく必要があります。「科目別税区分表」の画面から、決算仕訳を含んだ1年間のデータを集計します。補助科目ごとに確認する場合や、小計を表示したい場合は、チェックボックスをクリックしてチェックをつけます。さらに細かい内容を確認するには、この画面のツールバーにある[ズーム]ボタンをクリックし、表示される「総勘定元帳」から取引を1件ずつ確認していきます。確認するポイントは次ページの通りです。

● 売上、雑収入など

「売上高」や「雑収入」などの勘定科目を確認します。画面の「売上高」勘定は税区分が「課税売上」のものしか集計されていませんが、その中に旧税率と新税率が混在している場合は、その区分が正しいか、「非課税売上」や「輸出売上」が混ざっていないかなどを確認します。詳細を見る場合は、ツールバーの[ズーム]ボタンをクリックして総勘定元帳を表示し確認します。

● 仕入・費用

仕入や経費には、消費税がかかるものとかからないものがあるので、[ズーム]ボタンをクリックして総勘定元帳を表示し、税区分と税率が合っているかを確認します。

たとえば、「交際費」については、消費税がかかるもの（お土産品など）とかからないもの（慶弔代など）がありますが、弥生会計上で「交際費」を「課税」にしておくと、慶弔代の仕訳をする際に、つい「課税」のまま処理してしまうことがあります。申告書を作る前に必ずチェックをしてこのようなミスを発見し、修正する必要があります。

※各勘定科目の細かい内容を確認する場合は、確認したい勘定科目をクリックし、ツールバーの[ズーム]ボタンをクリックするか、ダブルクリックします。該当の勘定科目の総勘定元帳が、消費税の税区分で絞り込みをした状態で表示されます。税区分が間違っている仕訳があったら、該当の取引を正しく修正します。なお、次ページの画面は、「交際費」の「課税対応仕入8％」欄をクリックして[ズーム]ボタンをクリックしたときに表示される総勘定元帳画面です。

● 固定資産

　固定資産は購入した場合と、売却、除却、減価償却などの場合で税区分が変わります。「借方」「貸方」の税区分が合っているかを確認します。詳細を確認したい場合、[ズーム]ボタンをクリックして総勘定元帳を表示して確認します。

　たとえば、図の「附属設備」や「一括償却資産」は、購入時は「課税対応仕入8%」、減価償却は「対象外」となり、2段で表示されています。「課税対応仕入8％」で集計されているものの中に「対象外」取引などが混ざっていないか、またその逆はないかを確認します。

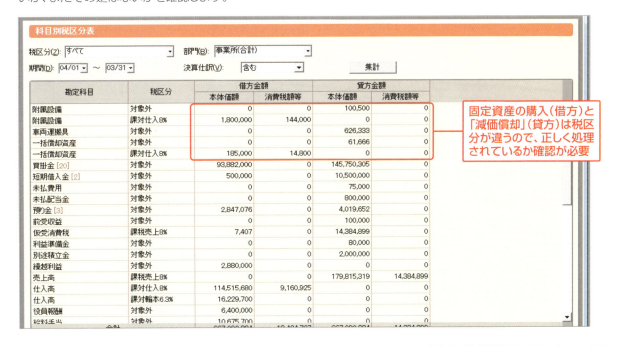

固定資産の購入（借方）と「減価償却」（貸方）は税区分が違うので、正しく処理されているか確認が必要

第6章 ● 決算準備をしてみよう　233

簡易課税の場合の確認ポイント

　簡易課税の場合は、「支払った消費税」分は簡便計算になりますので、確認する箇所は「預った消費税」分です。「売上高」や「雑収入」の事業区分が正しく仕訳されているかを確認していきます。卸売上は「課税売上簡易一種」、小売売上は「課税売上簡易二種」となるため、売上区分が正しいかどうか、税率が違う取引が混在している場合は、税率の区分もそれぞれズーム表示で確認します。

● 消費税集計表

「科目別税区分表」では勘定科目別税区分別に集計された金額を確認しましたが、「消費税集計表」は税率別税区分別に集計し、さらに「外税」「内税」「別記」の計算区分別に集計され、消費税申告書を作成する準備資料となります。「売上集計」「仕入集計」「事業区分別売上集計(簡易課税の場合のみ)」の各タブを確認しておきましょう。

クイックナビゲータの「集計」メニューをクリックし、[消費税集計表]アイコンをクリックして、[期間(O)]の「4」から「決」までをドラッグして選択した後、「消費税集計表」画面の[集計]ボタンをクリックします。

● 消費税集計表

■「消費税申告書」作成に関する設定作業

消費税申告書に表示する事業所情報や、消費税計算の基本設定等、仕訳入力した数字以外に必要なデータを入力します。設定画面を表示するには、クイックナビゲータの「決算・申告」メニューをクリックし、[消費税申告設定]アイコンをクリックします。

● **事業所情報**

「事業所設定」ダイアログボックス(クイックナビゲータの「導入」メニューか、「事業所データ」メニューの[事業所設定]アイコンをクリックして表示)の内容が反映されています。事業所設定の内容を変更した場合は、[会計事業所情報の取込]ボタンをクリックすると、最新の設定内容を取り込むことができます。取り込まれた内容を確認し、必要に応じて追加、修正入力します。取り込める項目以外は、必要に応じて入力します。

※これは法人データの画面です。個人データの画面では[個人番号を入力する]ボタンをクリックしてマイナンバーを入力します。

※マイナンバーの入力欄が追加されました。法人の場合は[法人番号]、個人の場合は[個人番号]を入力します。個人番号は事業所データを閉じると消去され、保存されません。マイナンバーは厳重に管理すべき個人情報です。不用意に取り扱わないように充分注意しましょう。

「事業所設定」に設定してある最新の情報を取り込むことができる

● **申告書設定**

消費税基本設定と計算方法を確認し、必要に応じて税務署情報、経理担当者、依頼税理士名などを入力します。

なお、事業所情報と申告書設定の設定を行って[OK]ボタンをクリックすると、確認のメッセージが表示されるので、[はい(Y)]ボタンをクリックします。

必要に応じて入力する

●確認のメッセージ

■「消費税申告書」の作成について

いよいよ申告書の作成ですが、難しい作業はありません。手順に従って操作していきましょう。なお、自動で取り込まれない内容などがある場合は手入力をします。

● 確定申告のみの場合
クイックナビゲータの「決算・申告」メニューの[消費税申告書作成]アイコンから作成することができます。

● 中間納付する場合や、修正申告を行う場合
メニューバーの[決算・申告(K)]→[消費税申告書設定(T)]→[申告書の選択・作成(C)]を選択し、 申告書の作成(M) ボタンをクリックして必要事項を入力し、 作成開始 ボタンをクリックして確定申告以外の申告書を選択・作成しておく必要があります。

※[消費税申告書作成]アイコンをクリックすると、現在選択されている申告書を表示します（初期設定では確定申告が選択されている）。

40-1　消費税申告書を作成する

ここでは、消費税の確定申告書を作成してみましょう。

[1] クイックナビゲータの「決算・申告」メニューをクリックし、[**消費税申告書作成**]アイコンをクリックします。個人のデータでは、[**マイナンバースタートガイド**]画面が表示されます。マイナンバー対応の注意点等を確認し、マイナンバースタートガイド画面を閉じてください。

[2] 「消費税申告設定」画面で設定した内容が反映されていることを確認し、提出する年月日、申告年月日を入力して、ツールバーの[**申告基礎**]ボタンをクリックします。

事業所情報を修正する場合はツールバーの[**事業所情報**]ボタンをクリックし、「事業所情報」タブや「申告書設定」タブの内容を変更します（236ページ参照）。

[3] ツールバーの[**データ取込**]ボタンをクリックします。

[4] [はい(Y)]ボタンをクリックします。

5 ツールバーの[戻る]ボタンをクリックします。

操作例 **4** により、「消費税集計表」から基礎データが取り込まれています。[戻る]ボタンをクリックすると、消費税申告書が計算された状態になります。

6 自動で取り込まれない項目を確認して入力し、[印刷]ボタンをクリックします。

中間納付している場合の「中間納付税額」や「中間納付譲渡割額」、還付となる場合は口座情報などを入力します。

第6章 ● 決算準備をしてみよう　239

7 [**書式(F)**]の欄から、印刷する書式を選択して、OKボタンをクリックします。

OCR用紙に印刷する場合、すでに印字してある内容などを確認し、印字する項目と余白などの設定を確認します。設定を確認するには、書式の設定(S)...ボタンをクリックし、「書式の設定」ダイアログボックスの各タブで設定します。

ONE POINT 消費税申告書の付表を作成する場合

付表を作成する場合は、消費税申告書画面のツールバーのボタンから選択して画面を表示します。課税方式や旧税率が混在するかどうかによって作成できる付表が異なります。

●本則課税の場合

本則課税で5%と8%の取引が混在している場合、[付表1][付表2-(2)]ボタンが表示される

ONE POINT 「消費税の還付申告に関する明細書」の作成

「消費税の還付申告に関する明細書」は、平成24年4月1日以降、還付申告となる場合(中間納付還付額のみの還付申告書には添付する必要がありません)に添付が義務付けられました。従来作成していた「仕入控除税額に関する明細書」の記載事項に加え、課税資産の譲渡や輸出取引にかかる項目等について記載することとされました。詳細は国税庁のHPや最寄りの税務署等でご確認ください。なお、「消費税の還付申告に関する明細書」の画面を表示するには、消費税申告書画面のツールバーの**[明細書]**ボタンをクリックします。自動計算の機能はないため、すべての項目を手入力します。

●消費税の還付申告に関する明細書

第6章 ● 決算準備をしてみよう　241

40-2　消費税振替仕訳を入力する

　消費税に関する決算整理の仕訳方法は、経理処理方式で「税抜」「税込」のどちらを設定しているかで異なります。「税抜」の場合、「貸借対照表」に集計される「仮払消費税等」勘定と「仮受消費税等」勘定の残高をゼロにし、納付すべき消費税額を未払計上します。「税込」の場合は、「売上」や「経費」だけでなく利益も「税込」の状態であり、納付する消費税額は「租税公課」という費用の勘定科目で仕訳します。決算時に未払計上する方法と、決算時には何もせず支払ったときに「租税公課」で仕訳する方法があります。

　ここでは、クイックナビゲータを表示した状態から、税抜処理の場合を例に消費税振替処理の方法と仕訳を確認しましょう。

1 クイックナビゲータの「集計」メニューをクリックし、[残高試算表（月次・期間）]アイコンをクリックします。

2 全期間(P) ボタンをクリックし、「仮払消費税等」勘定と「仮受消費税等」勘定の残高を確認します。

3 クイックナビゲータの「決算・申告」メニューをクリックし、**[消費税申告書作成]** アイコンをクリックしま

4 消費税・地方消費税の納付金額（還付金額）を確認します。

5 クイックナビゲータの[振替伝票]アイコンをクリックします。

6 消費税振替仕訳を入力します。

操作 4 と操作 5 では、242ページの操作例 2 で確認した「仮受消費税等」と「仮払消費税等」の残高が「0」になるように、「仮受消費税等」勘定の残高金額を借方に、「仮払消費税等」勘定の残高金額を貸方に入力します。操作 6 では、操作例 4 で確認した「消費税及び地方消費税の合計税額」欄の数字を入力し、未払計上します(還付となる場合は未収計上とする)。

7 差額を入力し、ツールバーの**[登録]**ボタンをクリックします。

ONE POINT 税込処理の場合（当期で処理する場合）

　税込処理の場合、「仮払消費税等」や「仮受消費税等」勘定科目は使用しません。「売上」や「仕入」は税込で計算されているため、当然、差し引きで計算される「利益」にも消費税が含まれています。決算処理では、利益に含まれる消費税分を「租税公課」という勘定科目で経費としてマイナスします。

　当期で処理する場合は、まだ支払っていないため、「租税公課」という経費の未払いを計上し、翌期になって支払ったときに、未払消費税を借方記入し、残高を「0」にします。

●当期の処理

第6章 ● 決算準備をしてみよう　245

● 翌期の処理

ONE POINT 税込処理の場合（翌期で処理する場合）

翌期で処理する場合は、支払ったときに「租税公課」という経費を計上します。

税理士からのコメント　消費税の転嫁対策

　消費税課税事業者の場合、消費税の納税は「もうけが出ている、出ていない」には関わらず、赤字でも免除されることはありません。納税に充てる資金はきちんと用意しておかないと、資金繰りに苦慮することになります。

　特に税込で日々の記帳をしていると、預った消費税がいくらあって、どれくらい納税しなくてはいけないのか？という認識が薄くなりがちです。今後の消費税率アップに備え、現在の利幅を確保するためにきちんと価格に消費税を転嫁させ、どれくらいの納税が必要になりそうか、考慮しておく必要があります。

　弥生会計の消費税申告書作成画面では、消費税申告を自社でやらない場合でも、入力されている仕訳からどれくらいの納税額になるのか、概算金額を確認することができます。

個人事業主へ支払う際の源泉徴収について

　社会保険労務士、ライターなど、個人や個人事務所に報酬を支払う場合は、給与の支払いと同様、一定率の所得税と復興特別所得税を合わせて天引きする源泉徴収を行う必要があります。

例）個人に対して100,000円の報酬を支払う場合

　10.21％（10,210円）を源泉所得税として天引きし、89,790円が支払額となります。

　消費税がかかるケース（税込の報酬が108,000円）では、税抜額の100,000円より10.21％（10,210円）を源泉徴収し、差額97,790円を支払います。

　なお、源泉徴収した所得税は給与分と合わせて、原則的には翌月の10日までに納付します。年末には、1年間の支払総額と源泉徴収税額を支払調書として個人へ通知します。

●支払側（株式会社黒字商事）の仕訳

●受取側（黒字商店（個人事業主））の仕訳

※源泉徴収された所得税分は経費にはならず、最終的に確定申告で確定する所得税の前払い分です。そのため、「事業主貸」勘定で処理し、支払調書で確認した1年分の源泉所得税を、確定申告書に記載します。

税理士からのコメント

個人事業主のお客様からの質問

　私どもの会計事務所には、確定申告時期近くになると、個人事業主のお客様からいろいろな質問をいただきます。ここでは、それらの中から代表的な質問をご紹介したいと思います。

Q 今は白色申告だが青色申告にしないといけない?

A いけないということはありませんが、平成26年1月から、白色申告のすべての方に記帳と帳簿の保存が義務付けられたため、「白色申告だから決算の時だけ書類を作成すればいい」というわけにはいかなくなりました。青色申告なら、次のような特典を受けることができます。

- ●青色申告特別控除(条件により65万円か10万円の所得控除)　　●純損失の繰越控除
- ●青色事業専従者給与の経費算入(妥当性があれば全額経費算入可能)など

　青色申告は、貸借対照表まで作成しなければいけませんが、その分、ご自分の営む事業の「数字」がいち早くわかる上、資金の手当てや事業計画の立案なども素早く行うことができます。弥生会計などの会計ソフトなら思ったよりも簡単にできますので、頑張って挑戦してみませんか?

Q 自宅兼事務所なのだが家事関連費の按分方法は?

A これは実態に応じての按分になりますので、お客様の実態をよく把握して、適切な按分計算をすることが必要になります。たとえば、次のような比率の計算を行います。

- ●面積比　　●人数比　　●稼動実績比

　電話代などは通話明細を取り寄せれば、より正確な経費計算ができますし、仕事でも使う自動車の場合には、走行記録を付けることで実態に応じての経費按分ができます。事業の実態から考え、誰もが納得するような按分計算をするように心がけましょう。

Q 領収書の出ない経費はどうすればいい?

A 会議の際に出される自動販売機で購入したお茶、自動券売機で購入した切符、現金支払のバス代、得意先などの慶弔に伴う現金の支出・・・、世の中には領収書の出ない経費が案外多く存在します。ここでは、代表的な例とその対応策について下記に示します。

- ●自動販売機で購入したお茶代や領収書の出ない交通費

　市販されている「支払証明書」や「出金伝票」などに必要事項を記入し、保管します。

- ●得意先などの慶弔に伴う現金の支出

　当該事実(慶弔の事実)を示す書類を保管しておきます。たとえば、招待状・逝去した事実を示すお知らせ・会葬礼状などです。また、支出金額については、前述のように出金伝票を起票し保管します。個人事業主の方なら、カレンダーやスケジュール帳に行き先・手段・金額を記入し保管しておく方法もあるでしょう。大切なのは、信頼度の高い原始証憑の確実な保管に他なりません。

Q ノートを文房具屋さんで購入したけど、これは「事務用品費」?　それとも「雑費」?

A 事務用品費でも雑費でもどちらでもかまいません。勘定科目は、その取引の意味を明確に示しているならば特に規則はありません。むしろ「どの勘定科目を使うか」よりも「一度その勘定科目を採用したら、継続的にそれを使い続ける」ことが大切です。年ごとに勘定科目を変えるのはよくありません。

第 7 章

決算作業を行ってみよう

41　決算書の作成手順を確認しよう・・ 250

42　法人の決算書を作成しよう・・・ 252

43　個人事業主の決算書を作成しよう・・・・・・・・・・・・・・・・・・・・・・・・・・・・・・・・・・・・・・・ 266

44　総勘定元帳を印刷しよう（法人・個人事業主共通）・・・・・・・・・・・・・・・・・・・・・ 275

45　会計データの繰越処理を行おう・・・ 278

SECTION-41

スタンダード　プロフェッショナル

決算書の作成手順を確認しよう

　決算修正・整理作業が終了し、各勘定の残高が確定したら、決算書を作成します。ここでは、決算書の作成手順を確認しましょう。

■ 決算書の作成手順

決算書の作成手順は次の通りです。

① 決算書項目の確認と設定

「弥生会計で設定されている勘定科目を決算書のどこに表示するか」を設定します。

※法人は252～255ページ、個人事業主は266～271ページを参照してください。

② 入力した仕訳から集計できない項目の入力

事業所情報や、注記事項など（法人）、損益計算書の内訳など（個人）を手入力します。

※法人は255～259ページ、個人事業主は272ページを参照してください。

③ 決算書の印刷

決算書を印刷します。
※法人は260～261ページ、個人事業主は273～274ページを参照してください。

　決算書の作成作業は「法人」と「個人事業主」では作成画面や設定方法が異なります。法人は252ページ、個人事業主は266ページを参照してください。

　決算書というと「会計事務所の先生が作って持ってきてくれるもの」と思っている方も多いと思いますが、弥生会計を用いれば簡単に作成することができます。もちろん、決算書を作成する場合は会計的な知識があるに越したことはありませんし、専門用語の中には会計や税法を知らないと理解が難しい用語も確かにあります。そのような内容は、弥生会計の機能の1つである「仕訳アドバイザー」や市販されている決算書の作り方に関する書籍を参考にして勉強してみましょう。特別なことがない限り、皆さんの手で作成するということは可能ではないでしょうか。

　なお、体験版をダウンロードした場合や、製品版のライセンス認証をしていない場合は、法人データ、個人事業主データともに決算書や消費税申告書、勘定科目内訳書・法人事業概況書（法人・プロフェッショナル版）に関する画面を開くことができないため注意が必要です。

■ 貸借対照表と損益計算書について

　決算書類は、「法人」か「個人事業主」か、また会社の規模などによって作成が必要な書類が異なってきます。ここでは、主要な決算書類である「貸借対照表」と「損益計算書」について確認してみましょう。

　手作業で会計処理を行っている場合は、残高試算表の各勘定科目の残高を確認しながら「貸借対照表」と「損益計算書」を作成していきます。

　「貸借対照表」は残高試算表の各勘定科目の残高のうち、「資産（借方残高）」「負債（貸方残高）」「資本（純資産）（貸方残高）」の科目残高を集計し一覧表にしたものです。「借方の合計」と「貸方の合計」の差額は「利益」を表しますが、法人と個人では表示方法が異なります。

※具体的には、法人の場合は、前期から繰越した利益分「繰越利益」と今期に計上された利益「当期純損益」とを合計して「繰越利益剰余金」区分に表示します。個人の場合は、「控除前所得」として、資本の区分に表示します。

　「損益計算書」は、「収益（貸方残高）」と「費用（借方残高）」の勘定科目の残高を集計し、一覧表にしたものです。「借方」と「貸方」の差額はその年の「利益」を表します。こちらも、法人の場合は「当期純損益」になり、個人の場合は「控除前所得」になります。法人、個人とも「貸借対照表」で計算された「当期純損益（法人）」「控除前所得（個人）」と必ず一致します。

　弥生会計では、残高試算表に集計されたデータから「貸借対照表」と「損益計算書」を自動集計し計算してくれます。集計した数字を決算書類にどのように印刷するのか、については設定を行います。また集計されないデータは手入力していく必要があります。

●貸借対照表（法人）

貸借対照表

平成30年 3月31日　現在

株式会社 黒字商事　　　　　　　　　　　　　　　　　　　（単位：　円）

資　産　の　部		負　債　の　部	
科　　目	金　　額	科　　目	金　　額
【流動資産】	77,413,369	【流動負債】	69,148,391
現 金 及 び 預 金	43,439,129	支 払 手 形	525,000
売 　 掛 　 金	30,317,359	買 　 掛 　 金	52,516,305
商 　 　 　 品	3,000,000	短 期 借 入 金	12,000,000
立 　 替 　 金	96,881	未 　 払 　 金	840,000
前 払 費 用	550,000	未 払 費 用	75,000
未 収 収 益	10,000	未 払 配 当 金	800,000
【固定資産】	13,996,501	未 払 消 費 税 等	959,300
【有形固定資産】	13,996,501	預 　 り 　 金	1,432,786
建 　 　 　 物	7,500,000	負 債 の 部 合 計	69,148,391
建 物 附 属 設 備	1,699,500	純 資 産 の 部	
車 両 運 搬 具	2,873,667	【株主資本】	22,261,479
工 具 器 具 備 品	1,800,000	資 　 本 　 金	10,000,000
一 括 償 却 資 産	123,334	利 益 剰 余 金	12,261,479
		利 益 準 備 金	80,000
		その他利益剰余金	12,181,479
		別 途 積 立 金	2,000,000
		繰 越 利 益 剰 余 金	10,181,479
		純 資 産 の 部 合 計	22,261,479
資 産 の 部 合 計	91,409,870	負債及び純資産合計	91,409,870

●損益計算書（法人）

損益計算書

自　平成29年 4月 1日
至　平成30年 3月31日

（単位：　円）

目		金　　額
計	179,815,319	179,815,319
計	130,745,380	
価	130,745,380	130,745,380
金 額		49,069,939
		46,460,244
金 額		2,609,695
息	12,328	
金	800	
入	279	
計		13,407
息		
計	50,000	50,000
経 常 利 益 金 額		2,573,102
税 引 前 当 期 純 利 益 金 額		2,573,102
法人税・住民税及び事業税		623
当 期 純 利 益 金 額		2,572,479

第7章 ● 決算作業を行ってみよう　　251

SECTION-42

法人の決算書を作成しよう

スタンダード　プロフェッショナル

　弥生会計では、法人の決算関係の書類として、「決算書類」（貸借対照表・損益計算書など）、「法人税申告書の添付資料」（勘定科目内訳書・法人事業概況説明書）を作成することができます。なお、オプション設定を行っている場合は、製造原価報告書を作成することもできます。

※勘定科目内訳書・法人事業概況説明書の作成は「弥生会計 17 プロフェッショナル」「弥生会計 17 ネットワーク」のみの機能です。

■決算書項目について

　決算書を作成する前に、決算書に表示する名称と弥生会計に設定してある勘定科目の結び付けを確認します。弥生会計に初期設定されている勘定科目は決算書への表示項目があらかじめ設定されていますが、新しい勘定科目を追加した場合は、追加した勘定科目名と同じ名称で決算書への表示項目が設定されています。すべての勘定科目に決算書への表示項目の設定がされていないと、決算書を印刷することができません。新規に勘定科目を追加した場合には、一通り確認しておきましょう。確認するための画面は、クイックナビゲータの「決算・申告」メニューをクリックし、[科目設定]アイコンをクリックして表示します。

42-1　勘定科目に設定された決算書項目を修正する

　ここでは、「損益科目」の「販売管理費」区分に「ごみ処理費」勘定が追加されている状態で、この勘定科目を決算書の「雑費」に含めて表示するようにしてみましょう。

1 クイックナビゲータの「決算・申告」メニューをクリックし、[科目設定]アイコンをクリックします。

2 「損益科目」タブをクリックし、「ごみ処理費」勘定の「決算書項目」から「雑費」を選択します。

画面右の「決算書項目」欄が決算書に集計される項目との結び付けの設定欄となります。「指定なし」と表示されている場合は、決算書項目を設定します。

42-2 決算書項目を編集する

決算書項目に該当するような内容がない場合は、ツールバーの[決算項目]ボタンをクリックし、新しい決算書項目を作成します。ここでは、「ごみ処理費」勘定に初期設定された決算書項目を「清掃委託費」に修正し、「ごみ処理費」の決算書への表示・集計場所を「雑費」から「清掃委託費」に修正してみましょう。

1 ツールバーの[決算項目]ボタンをクリックします。

2 「損益科目」タブをクリックし、[販売費及び一般管理費]の一番下にある「ごみ処理費」をクリックして 編集(M) ボタンをクリックします。

決算書項目を新規に追加する場合は 追加(A)... ボタンをクリックします。

3 「清掃委託費」と入力し、決算書項目名を修正します。

別の項目などをクリックすると確定します。

4 必要に応じて、新しく追加したり修正した決算書項目の表示順を任意の位置に入れ替えて、 閉じる ボタンをクリックします。

新しく追加した決算書項目は「販売費及び一般管理費」区分の一番下に作成されます。並べ替えは勘定科目や補助科目の並べ替えと同様に、ドラッグ&ドロップで行うことができます。

※操作例では、「清掃委託費」を「寄付金」の下に移動しています。

5 「ごみ処理費」勘定の「決算書項目」から「清掃委託費」を選択します。

■ 決算書の設定

仕訳データから自動集計されない項目（たとえば、決算書の表紙に印字する内容、帳票の名称、注記事項など）については、手入力する必要があります。これらを行うには、クイックナビゲータの「決算・申告」メニューをクリックし、[決算書設定]アイコンをクリックして、各タブの画面で必要に応じて入力していきます。

第7章 ● 決算作業を行ってみよう 255

● **基本設定/表紙**
事業所名や住所情報などを確認します。

● **タイトル**
各帳票のタイトルを確認します。

● **記名押印書**
取締役や監査役の署名を行う場合、日付と名前を入力します。

● 注記表

決算書類に注記する必要がある場合、個別に注記表を作成します。

株主資本等変動計算書について

会計期間中に「純資産」に属する勘定科目の残高に増減があった場合、増減金額とその事由を明示します。「株主資本等変動計算書」では、「当期変動額合計」欄を確認します。「当期純損益金額」勘定科目以外で変動がある場合、金額とその事由を個別に表示させます。画面右端の「差額」欄が「0」になっていなければ印刷を行うことができません。

42-3 株主資本等変動計算書を設定する

ここでは、期中に次のような利益処分を行っている場合の株主資本等変動計算書を設定してみましょう。

- 配当金の支払　　　　800,000円
- 利益準備金の積立　　 80,000円
- 別途積立金の積立　2,000,000円

1 クイックナビゲータの「決算・申告」メニューをクリックし、[株主資本等変動計算書]アイコンをクリックします。

決算書項目（252ページ参照）が割り当てられていない勘定科目がある場合、警告が表示されて「株主資本等変動計算書」を表示できません。

2 ツールバーの[事由設定]ボタンをクリックします。

3 [追加(A)]ボタンをクリックします。

4 変動事由を記入して、[登録]ボタンをクリックします。

・をクリックして表示されるリストに候補がある場合は、その候補を選択することでも入力できます。

5 操作例 **3** ～ **4** の要領で、残り2つの事由を設定します。その後、[閉じる]ボタンをクリックします。

この操作により、株主資本等変動計算書に変動事由の列が追加されます。

6 [決算の種類(Y)]で「本決算」を選択し、設定した各変動事由の列に変動額を入力していきます。画面一番右の「差額」欄が「0」になっていることを確認します。

第7章 ● 決算作業を行ってみよう 259

42-4 決算書を印刷する

決算書に関する設定作業が終了したら、決算書を印刷します。ここでは、クイックナビゲータの画面から操作します。

1 クイックナビゲータの「決算・申告」メニューをクリックし、[決算書作成]アイコンをクリックします。

2 [はい(Y)]ボタンをクリックします。

3 決算書作成の内容を確認し、画面左下の[印刷(P)]ボタンをクリックします。

4 **[書式(F)]** で印刷する書式を選択し、印刷する内容を選択して、 OK ボタンをクリックします。

貸借対照表や損益計算書の書式には勘定式と報告式があります。勘定式は表の形になっていて、資産は左側（借方）に、負債・資本は右側（貸方）に記載されます。報告式は有価証券報告書などで見られる書式で、資産・負債・純資産の順に並んで表示する書式です。

■ 勘定科目内訳書の作成方法

プロフェッショナル

「弥生会計 17 プロフェッショナル」「弥生会計 17 ネットワーク」では、勘定科目内訳書の作成を行うことができます。クイックナビゲータの「決算・申告」メニューの[内訳書一括印刷]アイコンから一括で印刷することができますが、作成はメニューバーの[決算・申告(K)]→[勘定科目内訳書(U)]から個別に選択して設定を行います。

たとえば、「預貯金等の内訳書」を作成するには、次のように操作します。

❶ [決算・申告(K)]→[勘定科目内訳書(U)]→[預貯金等の内訳書(1)]を選択します。

❷ ツールバーの[内訳書科目設定]ボタンをクリックします。

❸ 「内訳書科目設定」ダイアログボックスで、 選択(S)... ボタンをクリックします。

❹ 「預貯金等の内訳書」に表示したい対象勘定科目のチェックボックスのみをONにして、 OK ボタンをクリックします。

❺ 「内訳書科目設定」ダイアログボックスで、 閉じる ボタンをクリックします。

❻ ツールバーの[データ設定]ボタンをクリックし、「内訳書科目設定」で選択した勘定科目（補助科目）ごとに期末の残高が表示されていることを確認します。金融機関名、支店名、口座番号を確認し、必要であれば修正や追加入力します。

❼ ツールバーの[戻る]ボタンをクリックし、[データ取込]ボタンをクリックして、 OK ボタンをクリックします。確認メッセージが表示されたら、 はい(Y) ボタンをクリックして、設定内容を内訳書に取り込みます。すでに取り込みを行っている場合は、最新の状態で上書きされます。

❽ 作成された「預貯金等の内訳書」を確認します。

❾ 個別に印刷する場合はツールバーの[印刷]ボタンをクリックし、設定を行って印刷を実行します。各内訳書を個別に設定しておいて、クイックナビゲータの「決算・申告」メニューの[内訳書一括印刷]アイコンから一括で印刷することもできます。

ONE POINT　データを取り込める勘定科目内訳書

　各勘定科目内訳書は直接手入力で作成することもできますが、仕訳データや拡張機能からデータを取り込むことができます。また、補助科目を設定しておくと便利です。なお、データを取り込むことができない下記以外の内訳書は手入力します。

■ 仕訳データを取り込むことができる内訳書
- 預貯金
- 売掛金（未収入金）
- 仮払金（前渡金）
- 貸付金（受取利息は手入力）
- 買掛金（未払金・未払費用）
- 仮受金（前受金・預り金）

■ 拡張機能から取り込むことができる内訳書
- 受取手形
- 支払手形
- 固定資産
- 借入金及び支払利子

■ 法人事業概況説明書の作成方法　　プロフェッショナル

　弥生会計では法人税の申告書を作成することはできませんが、「法人事業概況説明書」の作成には、「弥生会計 17 プロフェッショナル」「弥生会計 17 ネットワーク」が対応しています。「法人事業概況説明書」とは、平成18年度の法人税法改正により提出が義務付けられている法人税申告書の添付資料です。基本設定の他、18項目を記入していきますが、事業所情報や仕訳データから取り込むことができる項目と、手入力していく項目があります。
　法人事業概況説明書を作成するには、次のように操作します。

❶ クイックナビゲータの「決算・申告」メニューをクリックし、[法人事業概況説明書]アイコンをクリックします。

❷ [設定項目(I)]に表示された、「基本設定」とその下の18項目を1つずつ入力していきます。ツールバーの[データ取込]ボタンをクリックすると「データの取り込み」ダイアログボックスが表示されるので、取り込み対象を指定して[OK]ボタンをクリックすると、事業所情報や仕訳データを取り込むことができます。このとき、取り込むことができる項目すべてを一括して取り込みたい場合は、取り込み対象を「概況書全体」にします。

❸ 取り込んだデータは必要に応じて修正し、手入力が必要な部分の入力を行います。

❹ 入力が完了したら、ツールバーの[印刷]ボタンをクリックします。[書式(F)]は「A4/縦」「A4/OCR」「A4/縦/モノクロ」から選択し、[OK]ボタンをクリックします。

このような「法人事業概況説明書」を印刷することができる

◯NE POINT 「法人事業概況説明書」入力画面での色分けについて

画面上の色分けには、次のような意味があります。

■ 緑色の項目

「データ取込」から取り込むことができる項目（上書修正、直接入力可）

■ ピンク色の項目

自動計算項目（上書不可）

■ オレンジ色の項目

自動計算項目（上書のチェックボックスをクリックすると上書可）

■ 水色の項目

オレンジの項目を上書した項目

■ 白色の項目

手入力項目

264　第7章 ● 決算作業を行ってみよう

ONE POINT 印刷前に表示されるメッセージについて

印刷を行う前に右のようなメッセージが表示される場合があります。これはデータ取込を行うと千円未満が切り捨てて計算されるので差額が発生するためです。

「7 主要科目」画面では、取り込んだデータを修正することができるので、残高試算表などを確認しながら修正してください。

なお、「7 主要科目」と「17 月別の売上高等の状況」は、仕訳データからデータ取込を行います。弥生会計で設定してあるどの勘定科目をどこの項目に割り当てるかを設定する場合は、ツールバーの「科目設定」をクリックして設定します。

SECTION-43

スタンダード　プロフェッショナル

個人事業主の決算書を作成しよう

　弥生会計の個人データでは、青色申告の場合は「青色申告決算書」、白色申告の場合は「収支内訳書」を作成します。1年間の取引を「青色申告決算書」や「収支内訳書」にまとめ、その決算書類をもとに確定申告を行います。弥生会計を使うと、決算処理から確定申告までの一連の作業を行うことができます。

■決算書項目の確認について

　決算書を作成する前に、決算書に表示する項目名称と弥生会計に設定してある勘定科目の結び付けを確認します。「青色申告決算書」や「収支内訳書」には、印字できる項目数が決まっています。弥生会計の勘定科目をすべて印字することはできないため、ある程度まとめて印字します。弥生会計に初期設定されている勘定科目は、決算書への表示項目があらかじめ設定されていますが、新しい勘定科目を追加した場合などは追加した区分により、弥生会計で割り振りを自動設定します。必ず設定を確認しておきましょう。

　なお、経費に新しい勘定科目を追加すると、決算書項目は「その他経費」に集計されて印字するように設定されています。独立して表示したい場合は空いている項目を修正して設定してください（270ページ参照）。

●青色申告決算書の例

新しく追加した経費科目はここに残高が集計される

自由に設定することができる

※平成28年分申告書類（平成29年3月確定申告分）は様式などが変更になる可能性があります。

■ 個人データの「決算・申告」メニューの画面について

「弥生会計 17」では、個人事業主の平成28年分の申告に対応した所得税確定申告モジュールが、あんしん保守サポートに加入しているユーザーに対し、平成29年1月以降に提供される予定です。書籍作成時点(平成28年10月)では、まだ提供されていないため、「弥生会計 17」確定申告版では一部画面が変更になる可能性があります。

※ここでは、「個人/一般」の青色申告の設定でデータを作成し、勘定科目オプションを設定していない場合の画面例を表示しています。白色申告の場合や「個人/不動産」「個人/農業」を選択している場合、勘定科目のオプションを設定している場合などは、決算書の様式などが異なる場合があります。入力する内訳の内容などが変わる場合がありますが、基本的な操作方法はほとんど変わりません。

●クイックナビゲータの「決算・申告」メニュー画面

●青色申告決算書の入力画面

第7章 ● 決算作業を行ってみよう　267

43-1 青色申告決算書を表示する

青色申告決算書を表示するには、次のように操作します。

※「弥生会計 17」確定申告版では、一部画面や操作方法が変更になる可能性があります。

1 クイックナビゲータの「決算・申告」メニューをクリックし、[**青色申告決算書(一般用)**]アイコンをクリックします。

事業所得(一般)以外の所得がある場合は、「青色申告決算書(不動産所得用)」や「青色申告決算書(農業所得用)」のそれぞれの画面で確認します。

43-2　青色申告決算書の設定を確認・修正する

　青色申告決算書の1ページ目は事業所情報と損益計算書が表示されています。ここでは、事業所情報を確認しましょう。

※「弥生会計 17」確定申告版では、一部画面や操作方法が変更になる可能性があります。

1. 「操作ナビ」は たたむ ボタンをクリックすると非表示にすることができます。操作方法がわかっている場合は、設定が必要な個所を直接クリックして設定を行います。ここでは、提出年月日をクリックして、事業所情報を設定します。

青色申告決算書の画面を表示する方法は、左ページを参照してください。

2. 「表示設定」「事業主」「事業所」「依頼税理士」「控除額」「環境設定」の内容確認し、必要に応じて入力していきます。まず、「表示設定」の右側の 開く クリックして各項目を展開し、必要に応じて修正します。

入力箇所や操作手順を確認したい場合は「操作ナビ」の各項目をクリックしてみましょう

第7章 ● 決算作業を行ってみよう　269

3 残りの項目についても右側の ❯ をクリックすると、詳細内容が表示されるので、内容を確認し、必要に応じて入力します。設定が完了したら ❯帳票に反映 ボタンをクリックして申告書画面に戻ります。

クイックナビゲータの「導入」もしくは「事業所データ」メニューの**[事業所設定]**アイコンをクリックして表示される画面で住所情報などを登録してある場合は、 取込 ボタンをクリックすると、一部情報を取り込むことができます。

43-3　設定されている勘定科目と決算書への表示名称の結び付けを確認する

　弥生会計では、勘定科目を追加したい場合、特に制限なく、いくつでも追加することが可能です。しかし、個人事業主の決算書ではフォーマットが決まっており、表示できる項目数に制限があるため、ある程度科目を集約して表示する必要があります。決算書を作成する際には、初期設定されている結び付けを確認し、必要に応じて修正します。ここでは、「貸倒金」の下に「支払手数料」という決算書項目を追加し、「支払手数料」勘定を割り当ててみましょう。

※「弥生会計 17」確定申告版では、一部画面や操作方法が変更になる可能性があります。

1　「貸倒金」の下の空欄をクリックします。

青色申告決算書の画面を表示する方法は、268ページを参照してください。

2 [決算書項目名称]に「支払手数料」と入力し、[割り当て勘定科目]で[支払手数料]をONにして[≫帳票に反映]ボタンをクリックします。

3 支払手数料が割り当てられたことを確認します。

損益計算書の設定が終わったら、「4ページ」タブをクリックし、同様に貸借対照表画面についても決算書項目の割り当てを確認しておきましょう。

第7章 ● 決算作業を行ってみよう　271

43-4　内訳を手入力する

　青色申告決算書の2～3ページでは、「給料賃金」「専従者給与」「地代家賃」など、内訳を明示する必要のある項目（水色の項目）について手入力を行います。

※「弥生会計 17」確定申告版では、一部画面や操作方法が変更になる可能性があります。

1 青色申告決算書の2ページ目の画面を開き、「給料賃金の内訳」「専従者給与の内訳」「貸倒引当金繰入額の計算」「青色申告特別控除額の計算」について確認し、必要に応じて入力します。

損益計算書との差額が表示される場合は、仕訳入力した給与賃金の合計金額と、ここで手入力する内訳金額に相違があります。内容を確認して合計額を一致させるようにします。なお、青色申告決算書の画面を表示する方法は、268ページを参照してください。

2 3ページ目に画面を切り替え、必要に応じて「利子割引料の内訳」「地代家賃の内訳」「税理士・弁護士等の報酬、料金の内訳」「本年度における特殊事情」を入力します。

※減価償却費の計算は固定資産の登録（216ページ参照）を行うと、自動集計されます。

43-5 決算書を印刷する

　決算書に関する設定作業が終了したら、決算書を印刷します。ここでは、「青色申告決算書（一般用）」を作成してみましょう。

※「弥生会計 17」確定申告版では、一部画面や操作方法が変更になる可能性があります。

1 クイックナビゲータの「決算・申告」メニューをクリックし、[**青色申告決算書（一般用）**]アイコンをクリックします。

2 画面右下にお知らせやエラーメッセージが表示される場合は内容を確認し、ツールバーの[**印刷**]ボタンをクリックます。

メッセージが表示されている場合は、[**印刷**]ボタンをクリックした後も再度確認のメッセージが表示されます。

3 内容を確認し、[はい(Y)]ボタンをクリックます。

この画面が表示されない場合は、操作例 4 へ進んでください。

第7章 ● 決算作業を行ってみよう　273

4 [書式]で印刷する書式を選択し 印刷実行 ボタンをクリックします。

「A4/横/カラー」の書式は通常のA4用紙に印刷する書式になります。税務署からOCR用紙が送られてきている場合は、「A4/横/OCR（表題の年分印刷なし、もしくはあり）」を選択して、余白（印刷開始位置）などを確認します。また、開業初年度で期間が1年間に満たない場合は、操作ナビの申告設定（269ページ参照）で会計期間を設定することができます。

SECTION-44
総勘定元帳を印刷しよう（法人・個人事業主共通）

スタンダード プロフェッショナル

決算作業が終了したら、「総勘定元帳」を印刷します。帳簿や領収書等の書類については、保存期間を定めています。会社法では10年、税法上は法人か、個人か、また事業規模や消費税の納税義務の有無により5年〜7年の規定があります（277ページ参照）。税法の規定にかかわらず、決算書や総勘定元帳については10年間は保存しておきましょう。印刷した総勘定元帳は、勘定科目ごとに科目名インデックスをつけて、1冊にファイルしておきましょう。

44-1 総勘定元帳を印刷する

ここでは、総勘定元帳を印刷してみましょう。

1 クイックナビゲータの「決算・申告」メニューをクリックし、[**総勘定元帳**]アイコンをクリックします。

2 ツールバーの[**印刷**]ボタンをクリックします。

第7章 ● 決算作業を行ってみよう 275

3 [書式（F）]で印刷の書式を選択し、[印刷する勘定科目（I）]で[すべての勘定科目を印刷する]をONにして、 OK ボタンをクリックします。

1 書式を選択する

2 ONにする

3 ONにする

4 クリック

補助科目が設定されている科目は補助科目ごとに出力したい場合は、[補助科目が設定されていないすべての勘定科目を印刷する]を選択します。補助科目が設定されている勘定科目は「補助元帳」画面ですべての科目を印刷します

決算終了後はすべての勘定科目の総勘定元帳を印刷します

印刷

印刷帳票： 総勘定元帳

書式(F)： A4/縦/3行/カラー(罫線有)　　　▼　書式の設定(S)...

プリンター
名前(N)： PRINTER-01　　　　　　　　　▼　プロパティ(P)...
種類： PRINTER-01
場所： USB001

印刷範囲　　　　　　　　　　　　　　　　印刷部数(C)
● 全ページ(A)　○ ページ指定(G)　□ ～ □

印刷する部門(B)
● 選択： 事業所(合計)
○ すべての部門を印刷する

印刷する勘定科目(I)
○ 選択： 現金
● すべての勘定科目を印刷する
○ 補助科目が設定されていないすべての勘定科目を印刷する

期間(T)
□ 日付指定
04/01 ～ 04/01　決算仕訳(K) 含む ▼

印刷プレビュー(V)...　　　OK　　キャンセル　　ヘルプ

詳細な書式を設定する場合は 書式の設定(S)... ボタンをクリックして設定します。また、弥生会計の専用帳票を使用すると、印字位置を合わせてきれいに印刷することができます。

平成29年度
事業所(合計)　　　　　　　　　　現金　　　　　　　　株式会社 黒宇商事
　　　　　　　　　　　　　　　　　　　　　　　　　　　　税抜

日付 生成元	伝票No 部門	相手勘定科目 相手補助科目 相手部門	摘要 補助科目	借方金額	貸方金額	残高
4/ 1			前期より繰越			50000
4/ 1	3	売上高 大阪支店	本日売上 A現場	230100		280100
4/ 1	4	一括償却資産	パソコン購入		199800	80300
4/ 6	10	交際費 営業部	得意先接待 パブゴールド(佐藤)		76280	4020
4/ 6	11	売上高 大阪支店	本日売上 A現場	186345		190365
4/ 7	16	旅費交通費	タクシー 川島交通(弥生社長)		4200	186165
4/ 7	17	売上高 大阪支店	本日売上 A現場	163410		349575
4/ 8	20	売上高 大阪支店	本日売上 A現場	182829		532404
4/ 8	21	消耗品費 名古屋工場	ガムテープ セブンマート城西店		3560	528844
4/ 8	22	消耗品費 名古屋工場	作業用品		18000	510844
4/ 9	25	普通預金 オレンジ銀行	繰入れ		500000	10844
4/ 9	26	売上高 大阪支店	本日売上 A現場	163997		174841
4/10	28	消耗品費 名古屋工場	ゴミ袋 まるとく商店		1560	173281
4/10	29	消耗品費 名古屋工場	トイレットペーパー まるとく商店		2730	170551
4/10	30	修繕費	パソコン修理			

ONE POINT 書類の保存期間

　会計帳簿の保存は会社法では10年と定められており、税法では会社の規模や消費税納付義務の有無などによって細かく定められています。

　個人事業主の場合は、帳簿・決算関係書類・現金預金取引関係書類については7年、その他については5年の保存義務があります（下表参照）。

　なお、法人については、規模の大小に関係なく、すべての書類について7年間の保存義務があります。

●個人事業主の場合

申告者	帳簿書類	保存期間
青色申告者	帳簿・決算関係書類 現金預金取引関係書類 （前々年の所得金額が300円以下の場合は5年）	7年
	その他の書類	5年
白色申告者 （記帳対象者）※1	法定帳簿	7年
	任意帳簿・書類	5年
白色申告者 （記録保存対象者）※2	帳簿及び書類	5年

※1　前々年分あるいは前年分の事業所得、不動産所得及び山林所得の合計額が300万円を超える方
※2　事業所得、不動産所得及び山林所得のある方で、前々年分あるいは前年分の確定申告書を提出している方や、税務署長から所得金額などについて決定を受けている方、総収入金額報告書を提出している方など

平成26年1月から記帳・帳簿等の保存制度の対象者が拡大されます

　事業所得等を生ずべき業務を行っている方で、前々年分又は前年分の事業所得、不動産所得及び山林所得の金額の合計額が300万円を超える方等が対象となる記帳・帳簿等の保存制度について、平成26年1月から、事業所得等を生ずべき業務を行っているそれ以外の方にもその適用が拡大されます。「白色申告だから帳簿は作らなくてもいい」ということにはなりません。きちんと帳簿を作成して保存しましょう。

税理士からのコメント　経理事務を行うにあたり用意しておくべき書類は？

経理事務を行うにあたり用意したい帳簿類は以下の通りです。

- 現金／預金出納帳
- 伝票（入金・出金・振替）
- 売上帳
- 仕入帳
- 得意先元帳
- 仕入先元帳
- 商品在庫表（有高帳）
- 固定資産管理台帳
- 受取手形帳
- 支払手形帳

　この他に、請求書や納品書の綴り、領収書の保管綴り、他各種書類が必要になります。

　ただ、上記の帳簿類は現在市販されている業務ソフト（弥生会計や弥生販売）などで大部分カバーできます。紙ベースの帳簿で持っているというよりは、その処理ができるソフトウェアを導入する方が早いかもしれません。

SECTION-45

スタンダード　プロフェッショナル

会計データの繰越処理を行おう

1年間の入力が終わると、新年度の仕訳入力を行うことができる状態にするために「繰越処理」を行います。繰越処理については、決算処理が終了しなくても先に行うことができます。

■ 弥生会計の繰越処理

決算が終了すると、翌年度への繰越処理を行います。繰越処理では勘定科目や補助科目の設定をはじめ、帳票の設定なども引き継がれます。手形管理などの拡張機能を使用している場合、その年度で終了している取引情報を次年度に引き継ぐかどうかを設定することができます。残高は、前年度末の貸借対照表の残高が翌年度の開始残高になります。前年度のデータを修正した場合は、「次年度更新」処理を行うと次年度に繰り越す残高を再集計して自動反映させます（284ページ参照）。

45-1　繰越処理を行う

ここでは、繰越処理を実行してみましょう。

1 クイックナビゲータの「事業所データ」メニューをクリックし、[**繰越処理**]アイコンをクリックします。

前年度のデータに戻って作業をしている場合（284ページ参照）は、繰越処理を行うことができません。

ボタンをクリックします。

3 バックアップファイルを保存する場所を指定して、 次へ(N)> ボタンをクリックします。

初期設定ではCドライブの中の「Backup」フォルダに保存するように設定されていますが、パソコンのハードディスクの故障に備えて、外付けのハードディスクにバックアップ先を変更したり、バックアップファイルを作成した後で外部のメディア(USBメモリなど)にコピーしておくとよいでしょう。保存場所を変更する場合は 参照(R)... ボタンをクリックし、任意の場所を設定します。

4 会計期間を変更(短縮)しない場合は、 次へ(N)> ボタンをクリックします(法人のみ)。

法人データの場合、会計期間を変更(短縮)して繰り越すことができます。決算月が変更になるような場合、必要に応じて[**会計期間を変更する(K)**]をONにして、変更後の翌期の期首日を設定してください。

第7章 ● 決算作業を行ってみよう 279

5 部門の残高を各部門に残すかどうかの設定を行います。繰越方法を指定して、 次へ(N)> ボタンをクリックします。

この設定は、「弥生会計 17 プロフェッショナル」「弥生会計 17 ネットワーク」のみ行います。また、部門を設定していない場合は表示されません。

6 「手形管理機能」を使用している場合、決済済みの手形のデータを削除するかどうかを設定して、 次へ(N)> ボタンをクリックします。

機能を使用していない場合は画面が表示されません。

7 本年度で終了する入出金予定のデータを削除するかどうかを設定して、 次へ(N)> ボタンをクリックします。

機能を使用していない場合は画面が表示されません。

8 「預貯金管理」を使用している場合、すでに満期を迎えた引き出し済みのデータを削除するかどうかを設定して、 次へ(N)> ボタンをクリックします。

この設定は、「弥生会計 17 プロフェッショナル」「弥生会計 17 ネットワーク」のみ行います。なお、機能を使用していない場合は画面が表示されません。

9 「借入金管理機能」を使用している場合、すでに返済日を迎えた返済済みのデータを削除するかどうかを設定して、 次へ(N)> ボタンをクリックします。

この設定は、「弥生会計 17 プロフェッショナル」「弥生会計 17 ネットワーク」のみ行います。なお、機能を使用していない場合は画面が表示されません。

10 翌年度の予算を設定する際に、本年度の予算と実績のどちらをもとにするかを選択して、その数字に一定の掛け率をかけて算出するかどうかを指定し、 次へ(N)> ボタンをクリックします。

この設定は、「弥生会計 17 プロフェッショナル」「弥生会計 17 ネットワーク」のみ行います。また、予算についての他の設定は繰越後の予算設定の画面で手入力します。

第7章 ● 決算作業を行ってみよう　281

11 電子帳簿保存を行うかどうかを設定して、[次へ(N)>]ボタンをクリックします。

個人事業主で不動産に関する科目を使用している場合は、この操作の前に設定画面が出ます。

12 繰越処理後の事業所データ名を入力し、[次へ(N)>]ボタンをクリックします。

初期設定されているデータ名は何期分（何年分）のデータが設定されているかが表示されているので、必要に応じて修正します。

13 ウィザードで設定した内容が一覧表示されるので、内容を確認し、[繰越実行]ボタンをクリックします。

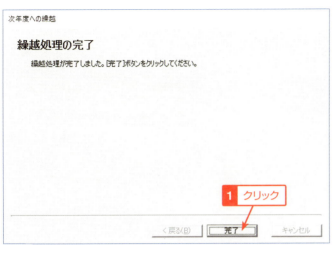

14 [完了]ボタンをクリックします。

繰越処理の実行が完了すると、すぐに次年度の日常の作業を行うことができます。タイトルバー（画面の一番上の部分）の表示が翌年度に切り替わっていることを確認しましょう。

※会計期間終了後も繰越処理を行わない状態で弥生会計を起動すると、繰越処理を行うかどうかの通知メッセージが表示されます。通知メッセージを非表示にして、繰越処理をしないままその年度の処理を継続することも可能ですが、処理している年度を間違えて入力することを避けるためにも、必ずタイトルバーの年度を確認するようにしましょう。

ONE POINT　弥生会計のデータの保存方法

弥生会計では、3年分（3期分）のデータが1つのファイルに入るようになっています。繰越処理を行うと、次年度分のスペースが追加され、導入後3年間（3期）分は、データが蓄積していきます。4年目（4期目）に繰越を行うと、初年度分のデータを別ファイルとして切り離します。繰越処理を行うときには必ずバックアップファイルを作成するようにしましょう。

第7章 ● 決算作業を行ってみよう　283

繰越時に第1期分を切り離すメッセージが表示されるので、ファイル名を確認して繰越処理を進める

ONE POINT　繰越処理を行えない場合の対処法

次のような場合、エラーメッセージが表示され、「繰越処理」を行うことができません。

■ 「未確定勘定」勘定を使用している場合
適切な科目へ振り替えてください。

■ 「複合」勘定に残高がある場合
残高が「0」になるように仕訳を修正してください。

■ 「貸借バランス」が「0」になっていない場合
「科目残高入力」画面で「貸借バランス」が「0」になるように、ツールバーの[**貸借調整**]ボタンをクリックしてください。

45-2　前年度のデータを修正する

決算処理が終了する前に繰越処理を実行した場合など、前年度のデータを修正する必要がある場合は、「年度切替」を行い、前年度に戻って作業を行います。この**「次年度更新」**処理は何度でも行うことができます。ここでは、前年度の仕訳を修正してみましょう。

1 クイックナビゲータの「事業所データ」メニューをクリックし、[**年度切替**]アイコンをクリックします。

2 前年度データを選択し、OKボタンをクリックします。

前年度データに切り替わったかどうかはタイトルバーで確認します。

3 必要な仕訳の修正を行います。

ここでは期末在庫の棚卸の仕訳（211ページ参照）を修正し、決算時の「商品」在庫金額を200,000円から300,000円に修正した処理の振替伝票画面を表示しています。この後、登録して画面を閉じます。

4 クイックナビゲータの「事業所データ」メニューをクリックし、[次年度更新]アイコンをクリックします。

前年度の仕訳を修正した場合、データの修正の結果、変更になった翌年度期首の残高を正しく計算し直す必要があります。

第7章 ● 決算作業を行ってみよう　285

5 　更新 ボタンをクリックします。

再計算が行われ、次年度に反映されます。

■確定申告書B表の作成（個人事業主）

　確定申告書B表は毎年変更があります。弥生会計の最新年度の確定申告モジュールは、例年1月に改訂され、あんしん保守サポート（有償年間保守）に加入しているとオンラインアップデートで提供されます。また、あんしん保守サポート契約期間中に次期製品が発売された場合は、無償バージョンアップ版が提供されます。確定申告書B表画面から作成できる帳票は次の通りです。

- 所得税確定申告書B（第一表・第二表・第三表・第四表、住民税用）
- 扶養控除の内訳（控除対象になる扶養親族を5人以上設定した場合の別紙明細、16歳未満の扶養親族）
- 損益の通算の計算書（損益通算が発生した場合に自動計算し、印刷することができる）
- 付表（所得の内訳書、医療費の明細書）、添付書類台紙

45-3　確定申告書B表を作成する

　ここでは、確定申告書B表を作成してみましょう。

※平成28年度の申告（平成29年3月確定申告）より、本人と扶養家族のマイナンバーの記載が必要になり、様式が変更になりましたが、書籍作成時（平成28年10月現在）ではまだ平成28年分以降の所得税確定申告モジュールが提供されておりません。以下の説明は「弥生会計 17」の平成27年度確定申告版を用いた平成27年分のサンプルデータの入力手順のイメージなので、「弥生会計 17」の確定申告対応版では画面が異なります。

1 　クイックナビゲータの「決算・申告」メニューをクリックし、[所得税確定申告書B]アイコンをクリックします。

28年分の申告より、個人番号（マイナンバー）の記載が必要になります。個人番号は事業所データに保存されませんので、出力する際はその都度入力が必要です

2 青色申告決算書画面で確認した事業所情報や決算データで連動できるものはすでに取り込まれた状態になっています。事業所得や不動産所得以外の所得の情報や、所得控除などを確認しながら入力していきます。左側の「操作ナビ」画面は、決算前に行う作業の確認、及び青色申告決算書の作成部分は青色申告決算書作成画面の操作ナビと共通です（269ページ参照）。はじめての方は、操作ナビの[**所得税確定申告書Bを作成しよう**]をクリックします。内容がわかっている方は、右側の入力画面で直接各項目を入力することができます。

3 各項目を確認しながら、質問に答えていくと、入力が必要な画面を案内してくれます。

第7章 ● 決算作業を行ってみよう　287

4 この画面は事業所得、不動産所得の他に給与所得がある場合の例です。質問で給与所得欄の「はい」をONにすると左側に「給与所得　入力中」と表示されるので、この青字の「給与所得」の文字をクリックします。

5 ハイライトで表示された緑色の項目部分をクリックすると、所得の内訳書が表示されます。所得の内訳書の設定画面で 新規作成(N) ボタンをクリックして所得の内訳書を入力し、 保存(S) ボタンをクリックします。複数の所得があり続けて入力する場合は、 保存して次へ(A) ボタンをクリックして、同様に入力します。入力後、 帳票に反映 ボタンをクリックします。

この後、ナビに従って表示される画面で、給与、賞与などの金額を入力し、操作ナビのチェックボックスをONにして完了します。

6 操作例 4 〜 5 と同様に、順番にステップ2から4の入力が必要な項目を確認し、「所得控除」「税額控除」「その他」、還付の場合の「口座情報」「住所氏名」など各項目を入力していきます。

7 必要な事項の入力がすべて終了したら、[作成は完了です！印刷しよう]をクリックします。第一表の内容をさらに全体的に確認する場合は、グレーになっている入力個所をクリックすると追加入力や修正が可能な画面に戻ります。印刷する場合は画面右上の ［印刷］ボタンをクリックします。

8 印刷に関する設定を行い、[印刷実行]ボタンをクリックします。

※平成28年分以降は個人番号を記載する必要がありますので、様式が変更になります。

■「e-Tax」の利用について（個人事業主）

「e-Tax」とは、国税庁が提供する電子申告・納税システムです。税務署に行かなくても自宅や事務所のパソコンからインターネットを利用して申告や納税を行うことができます。利用できる内容としては、所得税・消費税の申告はもちろん、酒税・印紙税の申告や納税、税務に関する各種の届出などをインターネット経由で行うことができます。e-Taxを

●e-Taxのホームページ（平成28年10月現在）

利用するには、事前に届出が必要となり、電子証明書やICカードリーダーを用意する必要があります。詳しくは、最寄りの税務署にお問い合せいただくか国税庁のe-Taxのホームページ（http://www.e-tax.nta.go.jp/）をご参照ください。なお、弥生会計の個人データは、e-Taxシステムにデータを連動させることができます。

45-4　e-Taxデータを書き出す

ここでは、弥生会計のデータをe-Taxデータとして書き出してみましょう。

※書籍作成時(平成28年10月現在)では、まだ平成28年分の所得税確定申告モジュールが提供されていません。以下の説明は「弥生会計17」の平成27年度確定申告版を用いた平成27年分のサンプルデータの入力手順のイメージなので、「弥生会計 17」の確定申告対応版では画面が異なる可能性があります。

1. 確定申告書画面の [e-Tax] ボタンをクリックするか、[決算・申告(K)]→[e-Taxデータの書き出し(E)]を選択します。

2. [はい(Y)]ボタンをクリックします。

3. [e-Tax 情報設定(S)]ボタンをクリックします。

4. 必要事項を入力して、[OK]ボタンをクリックします。

5 [保存場所]と[ファイル名(F)]を指定し、 OK ボタンをクリックします。

1 出力先を設定する

2 クリック

参照(B)... ボタンをクリックすると、保存場所を指定することができます。この後、e-Taxデータの書き出しが終了したら OK ボタンをクリックし、書き出したデータをe-Taxソフトに取り込んで申告を行います。

ONE POINT　マイナンバー制度が始まっています

　マイナンバーとは国民一人一人が持つ12桁の個人番号のことです。国民の利便性の向上、行政の効率化、公平・公正な社会の実現を目的として、平成28年1月から、社会保障・税・災害対策の行政手続きでマイナンバーの利用が始まっています。

　個人事業主の場合は、消費税申告書や確定申告書にマイナンバーの記載が必要になります。マイナンバーの入力が必要な画面を開くと、**[マイナンバースタートガイド]**画面が表示されます。マイナンバーは事業所データに保存されませんので、印刷の都度入力が必要になります。

　法人の場合は、弥生会計のデータで直接マイナンバーを取り扱うことはありませんが、従業員がいる場合、年末調整後の書類や社会保険、雇用保険の手続でマイナンバーを社員から提出してもらって記載することになります。マイナンバーを内容に含む個人情報のことを「特定個人情報」と言

い、この「特定個人情報」を取り扱う場合は、漏洩させないように安全措置を講じ、取扱規定を設けて厳重に管理する必要があります。万が一、漏洩させてしまうと厳しい罰則があり、社会的な信用を失うことにつながります。取り扱いには十分注意しましょう。

　マイナンバーの詳細は**[弥生のWebページで解説を見る]**をクリックするか、弥生株式会社のホームページなどで確認してください。(http://www.yayoi-kk.co.jp/mynumber/index.html)

付　録

付録1　知って得する知識と機能 ・・・ 294

付録2　練習問題 ・・・ 336

付録1　知って得する知識と機能

税金の申告について

　個人事業主や会社に関係する税金にはさまざまな種類があり、税金の分類方法も何種類かあります。個人事業主や法人にかかる税金と消費税の申告について学んでいきましょう。

● 個人事業主や法人にかかる税金

　個人事業主や会社に関係する税金にはさまざまな種類があり、税金の分類方法も何種類かあります。
　国に対して納める税金を「国税」、県や市町村に納める税金を「地方税」と言いますが、人や会社などに対して直接かかる「直接税」と納税する人と税を負担する人が異なる「間接税」という分類方法もあります。
　日常業務でよく出てくる税金については、印紙税や事業用の資産にかかる固定資産税、事業用車両にかかる自動車税など「租税公課」として経費で処理するケースがほとんどですが、決算時に関わってくる税金を図に表すと次のようになります。

● 個人事業主の確定申告

　個人で事業を営んでいる場合、所得税の確定申告を行います。弥生会計で計算できるのは「事業所得（一般・農業）」「不動産所得」です。
　これらの所得は、弥生会計の決算書から確定申告書B表（286ページ参照）へ連動させることができます。確定申告書B表では、事業所得、不動産所得以外の所得がある場合は手入力します。計算された所得から、所得控除（配偶者控除、社会保険料控除など）を手入力し、最終的な所得計算と所得税の納付額を計算します。
　また、納付する所得税や住民税など、事業主個人に対して課税される税金は経費に入れることはできず（事業税は経費になる）、「事業主貸」勘定で処理をします。

● 法人税の申告

　法人が負担する税金には、会社が事業活動を行った結果生じた利益に対して課税される税金や、事務所などが存在することに対してかかる税金などがあります。上の図のように、法人税、住民税、事業税などがありますが、納付する各税を計算するにあたり、注意しなければならない点があります。
　たとえば、法人税については、計算された「所得」に対して課税されますが、その「所得」は弥生会計上で計算された「利益」とは一致しません。それはなぜでしょうか。
　決算書の損益計算書を見ると、利益の計算は「収益」－「費用」で計算されます。しかし、法人税法上の利益の計算は、「益金」－「損金」で計算するのです。似たような名前ですが、「収益」と「益金」、「費用」と「損金」は「＝」にはなりません。
　損益計算書は、会社法や金融商品取引法の規程により、企業会計原則（慣習）に基づいて計算されています。会社法は債権

者保護を目的としており、金融商品取引法は投資家の保護を目的としているため、会社に関する判断材料としての正確な経営成績や財政状態を報告することを求めています。これに対し、法人税法では課税の公平を基本理念としているため、収益・費用に対する考え方が異なっています。会計上の損益計算書では費用として計上しているものが、法人税法上損金として認められないという場合があるのです。そのため、法人税上の利益を計算するために、会計上の損益計算書で計算された利益から「税務調整」という作業が必要となります。

弥生会計では、「弥生会計 17 プロフェッショナル」と「弥生会計 17 ネットワーク」で「勘定科目内訳書」と「法人事業概況説明書」を作成することができますが、法人税申告書の作成には対応していません。法人税申告書作成の詳細は税理士の先生に相談するか、自分で申告を行う場合は、税務署で入手できる「法人税申告の手引き」を熟読の上、決算書と総勘定元帳を準備して最寄りの税務署に相談してみてください。

● 消費税の申告の基礎

消費税の申告に関する作業は初期設定を行い、日常の仕訳をきちんと入力していれば弥生会計で消費税を自動計算し、消費税申告書の作成を行うことができます。また、仕訳入力時は取引日付から税率の初期値が自動判定されます。ここでは、消費税の基礎的な知識を確認してみましょう。

■ 消費税がかかる取引

国内取引において消費税が課税される要件は、次の項目すべてに該当する取引です。

▶ 事業者が事業として行うものであること
▶ 国内において行うものであること
▶ 対価を得て行うものであること
▶ 資産の譲渡等(資産の譲渡・貸付及び役務の提供)であること
※役務の提供とはサービス提供のことです。

■ 消費税の仕組み

「消費税」の名前の通り、消費税を負担するのは消費者です。商品を購入したり、サービスの提供を受けた場合、平成28年10月現在8%の消費税を支払っています。言い換えれば、商品を売ったり、サービス提供を行う事業者はその消費税分を預っていることになります。その預り分をすべて納付するわけではなく、自社でも仕入や経費の支払時に消費税を支払っていますから、「売上時に預った消費税」と、「経費等の支払時に支払った消費税」の差額を計算し、消費者の代わりに納付を行うのです。

※支払った消費税の計算方法については、実際は細かい規定があります(296～297ページ参照)。
ここで、事例をもとに考えてみましょう(消費税率8%の場合)。

解説
● 問屋は小売店へ売り上げた商品の売上のうちの消費税分1,600円から仕入時の消費税を控除して納付する
● 小売店は、問屋へ支払った消費税分1,600円とお客様へ売上げたうちの消費税分2,400円の差額「800円」を納付する
● お客様(消費者)は買い上げた商品の消費税分2,400円を支払う
● 問屋、小売店が納める消費税の合計額と、消費者が負担した消費税額は同額となる

■ 消費税の税率

消費税については、平成28年10月現在8%ですが、この内訳は次のようになります。

- 6.3%分が国税（消費税）
- 1.7%分が地方税（地方消費税）

この2つを総称して「消費税等」と呼びます。消費税計算も、6.3%の国税と1.7%の地方消費税を分けて計算します。

■ 消消費税がかからない取引

消費税がかからない取引には、次の3つがあります。

不課税取引

不課税取引とは、消費税の課税対象の要件（前ページの「消費税がかかる取引」を参照）から外れている取引をいいます。一般的には「課税対象外取引」と呼ばれています。

（例）国外取引、保険金、寄付金、祝い金など

非課税取引

非課税取引とは、本来、消費税の課税対象の要件に合致している取引ですが、消費に負担を求める税としての性格から見て課税の対象にすることになじまないものや、社会政策上課税すべきでないものが限定的に規定されています。

❶ 消費税の性格上、課税対象とすることになじまないもの

- ▶土地の譲渡・貸付など
- ▶社債・株式などの譲渡・支払手段の譲渡など
- ▶利子・保証料・保険料など
- ▶郵便切手・印紙などの譲渡（譲渡に係る手数料は課税対象）
- ▶住民票・戸籍抄本などの行政手数料など
- ▶国際郵便為替・外国為替など
- ▶商品券・プリペイドカードなどの譲渡（譲渡に係る手数料は課税対象）

❷ 特別の社会政策的な配慮に基づくもの

- ▶社会保険医療など
- ▶一定の介護サービス・社会福祉事業など
- ▶助産（お産費用など）
- ▶埋葬料・火葬料など
- ▶一定の身体障害者用物品の譲渡・貸付など
- ▶一定の学校の授業料・入学金など
- ▶教科書図書の譲渡
- ▶住宅家賃

免税取引

免税取引は、一般的に輸出取引等として行う課税資産の譲渡等のことをいいます。免税取引は課税されないのではなく、税率0%の消費税の課税取引です。つまり、税率を掛ける際に「0」を掛けるので0円にはなりますが、課税・免税業者の判定や、簡易課税制度の適用の可否を判断する際などには、この免税取引の金額を含めて計算するため、注意が必要です。

※平成26年10月1日から、輸出物品販売場制度が改正されています。詳細は国税庁ホームページをご参照ください。

■ 消費税が免除される事業者

消費税の納税が免除される事業者（この事業者を免税事業者という）の要件は次の通りです。

- 基準期間（個人事業主はその前々年、法人は前々事業年度）の課税売上高が1,000万円以下の事業者

ただし、当課税期間の基準期間における課税売上高が1,000万円以下であっても、当課税期間の前年の1月1日（法人の場合は前事業年度開始の日）から6カ月間の課税売上高が1,000万円を超えた場合、当課税期間においては課税事業者となります。なお、課税売上高に代えて、給与等支払額の合計額により判定することもできます。ご不明な場合は最寄りの税務署にお問い合わせください。

※6カ月間の判定期間（「特定期間」といいます。）

個人事業者の場合はその年の前年の1月1日から6月30日までの期間、法人の場合は、原則として、その事業年度の前事業年度開始の日以後6カ月の期間となります。

296　付録1 ● 知って得する知識と機能

※課税売上高とは、消費税が課税される取引の売上金額(税抜)と輸出取引等の免税売上金額の合計額からこれらの売上にかかる売上返品・売上値引などにかかる金額(税抜)を控除した残額をいいます。輸出取引が絡んでいるところに注意しましょう。

■ 消費税の課税方式

消費税の納税額は「預った消費税」から「支払った消費税」を差し引いて計算するのが基本ですが、実際には、「本則課税方式」と「簡易課税方式」の2類の方式が存在します。

※「本則課税方式」、「簡易課税方式」のいずれも、適用される税率が違う取引が混在する場合は、税率ごとに区分した仕訳入力が必要です。

本則課税方式

「預った消費税」から「支払った消費税」を差し引いて計算する原則的な方式です。通常はすべての事業者がこの方式により計算します。この「預った消費税」から差し引く「支払った消費税」を「仕入控除税額」といいます。

簡易課税方式

「預った消費税」の計算は本則課税方式と同様ですが、「支払った消費税」の計算は一切せず、その代わり「預った消費税」に一定率(みなし仕入率)を掛けて算出した額を「支払った消費税」とみなして、簡便的に納税額を計算する方式です。「預った消費税」のみ集計すれば計算できるので、本則課税方式よりも「簡易」な方式です。

簡易課税方式は中小事業者の事務負担を軽減しようという目的で導入されたため、中小事業者(基準期間の課税売上高が5,000万円以下)の事業者にのみ認められた方式です。簡易課税方式を選択したい場合には、その選択したい課税期間開始日の前日までに「簡易課税制度選択届出書」を提出する必要があります(設立事業年度または事業開始年の場合にはその事業年度又はその年の末日までの提出となります)。

また、いったん簡易課税制度を選択したら、2年間は必ず適用しなければなりません。

なお、簡易課税制度の適用をやめる場合には、そのやめたい課税期間開始日の前日までに「簡易課税制度選択不適用届出書」を提出する必要があります。

基準期間の課税売上高が5,000万円を超えた場合には自動的に本則課税方式に変更となりますが、「簡易課税制度選択不適用届出書」が提出されない限り、「簡易課税制度選択届出書」の効力は生き続けるため、基準期間の課税売上高が5,000万円以下となった場合には再び簡易課税方式で計算することになります。

簡易課税制度を用いて消費税を計算する場合のポイントは、「みなし仕入率」の適用です。

(計算の考え方)預った消費税が100万円だった場合

・卸売業の場合 100万円×90%が支払った消費税とみなす(=90万円) → 納税額は10万円
・小売業の場合 100万円×80%が支払った消費税とみなす(=80万円) → 納税額は20万円

このように、営んでいる事業の内容によって「みなし仕入率」が変わります。みなさんが営んでいる事業がどの区分に該当するのか、確認しましょう。(下表参照)不明点は税理士や最寄りの税務署にお問い合わせください。 実務的には、複数の事業を営んでいる事業者も多く、例えばサービス業(第5種)を営んでいる会社が車両を下取り(売却)した場合には、資産の売却は第4種になるため、複数の事業区分の取引が存在することになります。このような場合には、弥生会計上で「税率別に事業区分ごとに売上を区分して記録しておく」ことで複雑な計算を行い、消費税申告書は最も有利な方法で計算を行ってくれるのです。

●事業区分ごとのみなし仕入率

事業の種類		みなし仕入率
卸売業	購入した商品の性質・形状を変更せず他の事業者に販売する事業	第一種(90%)
小売業	購入した商品の性質・形状を変更せず消費者に販売する事業 ※製造小売業は第3種事業となる	第二種(80%)
製造業等	農業、林業、漁業、鉱業、採石業、砂利採取業、建設業、製造業、製造小売、 電気業、ガス業、熱供給業、水道業 なお、加工賃等を受け取り役務を提供する事業は第4種となる	第三種(70%)
その他事業	飲食業、その他の事業	第四種(60%)
	金融業及び保険業	第五種(50%)
サービス業等	運輸通信業、サービス業(飲食店業を除く)	
	不動産業	第六種(40%)

付録1 ● 知って得する知識と機能 297

手形管理機能について

スタンダード
プロフェッショナル

　手形管理機能では、手形の受け取りと支払い、およびその後の顛末（手形の処理）を一覧で管理します。さらに、仕訳を自動作成することができます。また、法人データの場合、「勘定科目内訳書」に期末の残高データを取り込むことができます（「弥生会計 17 プロフェッショナル」「弥生会計 17 ネットワーク」のみの機能です）。

● 手形とは

　手形とは、代金を「誰が」「いつ」「いくら」支払うのかを記載している有価証券の1つです。手形は「手形法」で手厚く保護されており、企業間の取引（信用取引）で決済に用いられています。非常に便利である反面、手形が「不渡り」（銀行の残高不足で支払えない状態）になるなど企業自体の信用を傷付けるような行為があると、その企業は銀行取引停止処分となり、会社は事実上倒産します。便利だからと安易に考えず、取り扱いは慎重にしましょう。

　なお、手形にはいくつか種類がありますが、商取引には約束手形が使われるのが一般的です。

● 約束手形の例

● 手形の仕組み

● 手形管理の仕訳設定を確認するには

　手形を受け取った場合、弥生会計の「受取手形一覧」画面で登録を行うと、手形の受け取りから、割引や裏書譲渡などその後の一連の顛末を管理し、そのつど仕訳を自動作成することができます。まずは、自動作成の仕訳の初期設定をあらかじめ確認しておきましょう。[拡張機能(X)]→[手形管理(T)]→[仕訳設定(J)]を選択して表示される「手形仕訳設定」ダイアログボックスで確認することができます。手形の割引や裏書時の仕訳を「直接法」で処理するのか、「間接法」で処理するのかを選択し、「受取手形」「支払手形」の顛末ごとに仕訳を作成する際の勘定科目の設定を行います。

※仕訳の処理方法については、右ページを参照してください。

仕訳の処理方法を選択する

顛末ごとに勘定科目の設定を行う

手形を割引いた場合や裏書譲渡した場合の仕訳については「直接法」「間接法」の2つの方法があります。割引や裏書を行うと、手形はもう手元にはありません。しかし、無事に決済されるまでは、その手形が不渡りになった場合の保証債務（その手形の額面金額を支払う義務）が残っています。

■ **直接法**
「保証債務」は考慮せず、直接「受取手形」勘定を減らす方法です。

■ **間接法**
「保証債務」を考慮し、決済されるまでは「受取手形」勘定を減らさない方法です。
（割引時には「割引手形」勘定、裏書時には「裏書手形」勘定を使って仕訳します。決済され、保証債務が消滅したら、「割引手形」「裏書手形」から「受取手形」勘定に振り替えます。）

● **受取手形を登録するには**

受け取った手形のデータを登録するには、次のように操作します。

❶ [拡張機能(X)]→[手形管理(T)]→[受取手形一覧(U)]を選択します。

❷ 「受取手形一覧」画面のツールバーの[新規作成]ボタンをクリックします。

❸ 「受取手形の新規登録」ダイアログボックスで、必要事項を入力して[登録]ボタンをクリックします。

❹ ツールバーの[仕訳書出]ボタンをクリックします。

❺ 「振替伝票」画面が表示され、仕訳が自動作成されるので、内容を確認して、ツールバーの[登録]ボタンをクリックします。

※仕訳を自動作成した手形は、「受取手形一覧」画面の「仕訳」欄で、仕訳作成済のチェックが付きます。「仕訳書出」は何度でも同じ仕訳を作成することができるので、二重にならないように注意してください。

● **登録済みの手形の顛末を変更するには**

受け取った手形の顛末（てんまつ）を「回収」の状態から「割引」に更新するには、次のように操作します。ここでは、「受取手形を登録するには」の要領で、受取手形を登録してあることとします。

❶ 「受取手形一覧」画面で該当の手形をクリックして、ツールバーの[編集]ボタンをクリックします。

❷ 「受取手形の編集」ダイアログボックスの[更新(M)]ボタンをクリックします。

❸ 顛末と日付を入力し、[OK]ボタンをクリックします。
　※ここでは5/10に割引を行い、レモン銀行（当座預金）に入金されたこととしています。

❹ 決済銀行口座と割引料を入力し、[OK]ボタンをクリックします。

※「仕訳」欄のチェックが外れ、「顛末」欄が「割引」の状態になります。

❺ 「受取手形一覧」画面のツールバーの[仕訳書出]ボタンをクリックします。

❻「振替伝票」画面が表示され、仕訳が自動作成されるので、内容を確認して、ツールバーの[**登録**]ボタンをクリックします。

借方勘定科目	借方金額	貸方勘定科目	貸方金額	摘要
当座預金	100,000	受取手形	100,000	割引,期日:H.29/07/31,振出人:すずめ物産
手形売却損	1,000	当座預金	1,000	割引,期日:H.29/07/31,振出人:すずめ物産

● 期末の残高データを「受取手形の内訳書」に取り込むには

　手形を登録して管理すると、期末の残高を勘定科目内訳書（受取手形の内訳書や支払手形の内訳書）に取り込むことができます。取り込むことができない内容は手入力してください。

　たとえば、決算時に「受取手形の内訳書」に期末の残高データを取り込むには、次のように操作します。

※ライセンス認証をしていないと操作することができません。また、対応しているのは法人データの場合のみで、「弥生会計 17 スタンダード」では利用できません。

❶ [**決算・申告（K）**] → [**勘定科目内訳書（U）**] → [**受取手形の内訳書（2）**] を選択します。

❷ ツールバーの[**データ設定**]ボタンで必要事項を手入力し、[**戻る**]ボタンで戻った後、[**データ取込**]ボタンをクリックします。

❸ 「データ取込」ダイアログボックスで並べ替え項目を設定し、[OK] ボタンをクリックします。

● 支払手形を登録・変更するには

　支払手形についても、受取手形と同様、[**拡張機能（X）**] → [**手形管理（T）**] → [**支払手形一覧（S）**] を選択し、「支払手形一覧」画面から振出手形を登録し、管理を行います。「受取手形一覧」画面と同様の操作方法です（298ページ参照）。

税理士からのコメント　電子記録債権（でんさい）とは

　「ここ最近、利用企業がずいぶん増えている印象がある「電子記録債権（でんさい）」」は、「売掛金や受取手形を電子化したもの」ではなく、売掛金や受取手形のデメリットを克服した新しい金銭債権です。手形には郵送料や印紙税などのコストと紛失リスクがあり、売掛金は決済期日までは換金できず入金されない場合の取り立て等も大きなリスクとなります。「電子記録債権（でんさい）」は、「でんさいネット」を通じて電子化された債権をやり取りし、取引銀行の口座より自動決済が行われます。ペーパーレスで印紙税もかからず、必要な分だけ分割して譲渡や割引を行うことが可能になっています。でんさいネットを利用したい場合は、まず取引金融機関に相談してみるとよいでしょう。詳細は「でんさいネット」のホームページ（https://www.densai.net/）を参照ください。

> **税理士からのコメント**
>
> ### 手形よりも身近な小切手について
>
> 小切手とは、振出人が、その正当な所持人に対して一定金額の支払をすることを金融機関に委託する有価証券です。小切手には、大まかに「持参人払小切手」「指図式小切手」「線引小切手」「先日付小切手」の4種類があります。手形とは違い、期日はありませんのですぐに換金が可能です。
>
> ■ **持参人払小切手**
> 小切手を保有していれば、誰であっても支払を受けることができます。そのため、盗難には要注意です。
>
> ■ **指図式小切手**
> 受取人を指定している小切手です。「上記の金額をこの小切手と引き換えに…」という文章があります。
>
> ■ **線引小切手**
> 盗難防止・不正取得者への支払防止のための小切手です。小切手に二本の平行線を引き、そこへ「銀行渡り」などといった文字を記入するものです。これにより、持参人に直接渡すことなく持参人の口座に入金します。
>
> ■ **先日付小切手**
> 日付前には換金しない暗黙の了解のもとに、未来の日付を振出日として振り出す小切手です。手形の代用として用いられます。

預貯金管理機能について

預貯金管理機能では、「定期預金」「定期積金」の管理や利息予測ができます。また、預入・利払い・満期(引き出し)の仕訳を自動作成することができます。なお、法人データの場合、期末の残高を「勘定科目内訳書」(預貯金等の内訳書)に取り込むことができます。

● **定期積立の仕訳を自動作成するには**

定期積立を登録し、仕訳を自動作成するには、次のように操作します。

❶ [拡張機能(X)]→[預貯金管理(D)]→[預貯金一覧(L)]を選択します。

❷ 「預貯金一覧」画面のツールバーの[新規作成]ボタンをクリックします。

❸ 「預貯金の新規登録」ダイアログボックスで、必要事項を入力し、[登録]ボタンをクリックします。

必要事項を入力して登録する

❹ ツールバーの[仕訳書出]ボタンをクリックします。

❺ 「預貯金仕訳書出」ダイアログボックスで、[取引の種類(T)]から「預け入れし、預け入れの情報を設定して、[OK]ボタンをクリックします。

❻ 振替伝票画面が表示され、自動仕訳作成が行われます。内容を確認して、の[登録]ボタンをクリックします。

● 勘定科目と税率の確認

利払いの自動仕訳作成を行う前に設定を確認しておきましょう。設定を確認するには、[拡張機能(X)]→[預貯金管理(D)]→[仕訳設定(S)]を選択して、「預貯金仕訳設定」ダイアログボックスを表示します。受取利息の勘定科目（法人は「受取利息」、個人は「事業主借」が初期設定されている）、源泉の勘定科目（法人のみ）と税率を確認します。

● 利払い日の仕訳を書き出すには

預金利息の支払日における仕訳を自動作成するには、次のように操作します。

❶ 「預貯金一覧」画面のツールバーの[仕訳書出]ボタンをクリックします。

❷ [取引の種類(T)]から「中間利払い」を選択し、預け入れの情報（勘定科目・補助科目）を設定して、「受取利息額」欄に利息の発生額を入力し、[OK]ボタンをクリックします。

❸ ツールバーの[登録]ボタンをクリックします。

● 預貯金の明細と残高予測を確認するには

預貯金の「明細」と「残高予測」は、それぞれ専用の画面で確認することができます。「預貯金一覧」画面のツールバーの[明細]ボタンをクリックすると、「預貯金明細」画面が表示されて、今までに行った自動仕訳の履歴が表示されます。「預貯金一覧」画面のツールバーの[残高予測]ボタンをクリックすると、「預貯金残高予測」画面が表示されて、預入から満期までの残高の予測が表示されます。

●「預貯金明細」画面

日付	元本増減	元本残高	利息	国税	地方税	手取利息
H.29/04/01	100,000	100,000	0	0	0	0
H.29/05/01	100,000	200,000	0	0	0	0
H.29/06/01	100,000	300,000	0	0	0	0
H.29/07/01	100,000	400,000	0	0	0	0
H.29/08/01	100,000	500,000	0	0	0	0
H.29/09/01	100,000	600,000	0	0	0	0
H.29/09/30	0	600,000	1,500	229	0	1,271

●「預貯金残高予測」画面

日付	取引	増加	減少	残高	内利息
H.29/04/01	預入	100,000	0	100,000	0
H.29/05/01	利息	166	0	100,166	166
H.29/05/01	預入	100,000	0	200,166	166
H.29/06/01	利息	333	0	200,499	499
H.29/06/01	預入	100,000	0	300,499	499
H.29/07/01	利息	500	0	300,999	999
H.29/07/01	預入	100,000	0	400,999	999
H.29/08/01	利息	666	0	401,665	1,665
H.29/08/01	預入	100,000	0	501,665	1,665
H.29/09/01	利息	833	0	502,498	2,498
H.29/09/01	預入	100,000	0	602,498	2,498
H.29/10/01	利息	1,000	0	603,498	3,498
H.29/10/01	預入	100,000	0	703,498	3,498
H.29/11/01	利息	1,166	0	704,664	4,664
H.29/11/01	預入	100,000	0	804,664	4,664
H.29/12/01	利息	1,333	0	805,997	5,997

借入金管理について

スタンダード
プロフェッショナル

借入金管理機能では、借入のデータを登録し、利息の支払や返済の管理を行います。借入、利払い、返済の自動仕訳を作成することができます。また、法人データの場合、期末の残高を「勘定科目内訳書」(借入金及び支払利子の内訳書)に取り込むことができます。

● 借入金の管理を行うには

借入金を登録し、管理を行うには、次のように操作します。

❶ [拡張機能(X)]→[借入金管理(L)]→[借入金一覧(L)]を選択します。
❷ 「借入金一覧」画面のツールバーの[新規作成]ボタンをクリックします。

❸「借入金の新規登録」ダイアログボックスで、必要事項を入力して[登録]ボタンをクリックします。下の表のように、[償還方法(P)]の設定によって設定する内容が異なるので、画面を確認しながら入力しましょう。

❹ ツールバーの[仕訳書出]ボタンをクリックします。

❺「借入金仕訳書出」ダイアログボックスで、[取引の種類(T)]から「借入」を選択し、借入の情報を設定して、[OK]ボタンをクリックします。

❻ 振替伝票画面が表示され、自動仕訳作成が行われます。内容を確認して、必要に応じて摘要を入力し、ツールバーの[登録]ボタンをクリックします。

なお、操作❸で設定する[償還方法(P)]の内容は、次の表の通りです。

必要事項を入力する

[償還方法(P)]	内　容
元金均等	元金の返済額を毎月(毎回)同額で計算
元利均等	元利(元本+利息)の返済額を毎月(毎回)同額で計算
アドオン	元金(元本)と利息の合計額を均等に分割
元利一括	元利(元本+利息)を一括して返済

● 借入金の明細と残高予測を確認するには

借入金の「明細」と「残高予測」は、それぞれ専用の画面で確認することができます。「借入金一覧」画面のツールバーの[明細]ボタンをクリックすると、「借入金明細」画面が表示されて、今までに行った自動仕訳の履歴が表示されます。「借入金一覧」画面のツールバーの[残高予測]ボタンをクリックすると、「借入金残高予測」画面が表示されて、借入から返済までの残高を予測します。なお、予想利息額は修正することができません(右ページ参照)。

●「借入金明細」画面

借入金明細

レモン銀行　証書借入

日付	元本返済額	利息額	返済額	借入金残高
H.29/05/01	0	0	0	10,000,000
H.29/05/01	200,000	16,500	216,500	9,800,000
H.29/06/01	200,000	16,333	216,333	9,600,000
H.29/07/01	200,000	16,000	216,000	9,400,000
H.29/08/01	200,000	15,666	215,666	9,200,000

●「借入金残高予測」画面

借入金残高予測

レモン銀行　証書借入

回次	日付	元本返済額	利息	返済額	借入金残高
0	H.29/04/01	0	0	0	10,000,000
1	H.29/05/01	200,000	16,438	216,438	9,800,000
2	H.29/06/01	200,000	16,333	216,333	9,600,000
3	H.29/07/01	200,000	16,000	216,000	9,400,000
4	H.29/08/01	200,000	15,666	215,666	9,200,000
5	H.29/09/01	200,000	15,333	215,333	9,000,000
6	H.29/10/01	200,000	15,000	215,000	8,800,000
7	H.29/11/01	200,000	14,666	214,666	8,600,000
8	H.29/12/01	200,000	14,333	214,333	8,400,000
9	H.30/01/01	200,000	14,000	214,000	8,200,000
10	H.30/02/01	200,000	13,666	213,666	8,000,000
11	H.30/03/01	200,000	13,333	213,333	7,800,000
12	H.30/04/01	200,000	13,000	213,000	7,600,000
13	H.30/05/01	200,000	12,666	212,666	7,400,000

● 支払利息額を修正するには

「借入金残高予測」画面で自動計算される支払利息は直接修正することができません。支払利息額を修正するには、次のように操作します。

❶ [拡張機能(X)]→[借入金管理(L)]→[返済予定入力(H)]を選択します。

❷ 「借入金返済予定入力」画面が表示されるので、ツールバーの[データ取込]ボタンをクリックし、[はい(Y)]ボタンをクリックします。

❸ 利息額を修正します。

●「借入金返済予定入力」画面

必要に応じて「残高予測」から自動計算された利息を修正する

借入金返済予定入力									
借入金名			4月度	5月度	6月度	7月度	8月度	9月度	10月度
借入日	返済期限								
借入総額	期首残高								
レモン銀行 証書借入		仕訳 返済日		05/01	06/01	07/01	08/01	09/01	10/
平成29年04月01日	平成33年06月01日	元金返済	0	200,000	200,000	200,000	200,000	200,000	200,0
10,000,000	0	利息	0	16500	16,333	16,000	15,666	15,333	15,0

❹ [拡張機能(X)]→[借入金管理(L)]→[借入金一覧(L)]を選択します。

❺ ツールバーの[仕訳書出]ボタンをクリックします。

❻ 「借入金返済予定入力」画面で入力した返済予定のデータが表示されるので、内容を確認し、勘定科目・補助科目を設定して[OK]ボタンをクリックします。

❼ 「振替伝票」画面が表示され、自動仕訳作成が行われます。内容を確認し、ツールバーの[登録]ボタンをクリックします。

● 期末の残高データを「借入金及び支払利子の内訳書」に取り込むには

借入金を登録して管理すると、期末の残高を勘定科目内訳書（借入金及び支払利子の内訳書）に取り込むことができます。決算時には次のように操作して「借入金及び支払利子の内訳書」にデータを取り込むとよいでしょう。取り込むことができない内容については手入力してください。

※ライセンス認証をしていないと操作することができません。

❶ [決算・申告(K)]→[勘定科目内訳書(U)]→[借入金及び支払利子の内訳書(D)]を選択します。

❷ ツールバーの[データ取込]ボタンをクリックします。

❸ 「データ取込」ダイアログボックスで並べ替え項目を設定し、[OK]ボタンをクリックします。

予算管理について

スタンダード
プロフェッショナル

弥生会計の予算管理機能では、損益科目や製造原価科目に予算を設定し、予算に対する実績を集計することができます。

● 予算を設定するには

予算を設定するには、次のように操作します。

❶ クイックナビゲータの「分析・予算」メニューをクリックし、[予算設定]アイコンをクリックします。

❷ 月別に予算額を入力していきます。なお、部門別の予算管理を行う場合は、[部門(B)]で予算設定する部門を選択し、各部門の予算を設定します。

なお、下位部門で設定した予算を上位部門に集計する機能はありません。また、予算設定したい勘定科目をクリックして、ツールバーの[簡易設定]ボタンをクリックすると、「予算簡易設定」ダイアログボックスが表示され、年間合計額や半期合計額を自動で月割計算して入力するか、月額を一括で入力することができます。

●「予算設定」画面

● 実績を集計するには

予算に対する実績は、日々の仕訳を入力するたびに自動集計されます。部門管理を行っている場合、各部門の実績は、「残高試算表(月次・期間)」や「残高試算表(年間推移)」の画面で部門を指定して確認することができますが、部門間に共通する経費は「部門共通費」として集計されています。

たとえば、右の図のような部門設定が行われていて、仕訳の際の部門を未設定で入力した場合は、「設計部」「営業部」「財務部」「総務部」「支店・工場」の共通費となっています。この「部門共通費」を設定された配賦基準で按分(各部門へ振り分け)した結果を集計表で確認することができます。

■ 配賦率の設定

部門共通費を配賦する基準と配賦率を設定します。部門共通費を、各部の人数で振り分ける「人数基準」と、各部の床面積で振り分ける「面積基準」を登録するには、次のように操作します。

❶ クイックナビゲータの「分析・予算」メニューをクリックし、[配賦率設定]アイコンをクリックします。

❷ ツールバーの[新規作成]ボタンをクリックします。

❸ 「配賦基準設定の新規登録」ダイアログボックスで[配賦基準名]に「人数基準」と入力し、[登録]ボタンをクリックします。

❹ 各部に所属する人数を配賦率として入力します。

●「人数基準」の設定例

❺ 操作❷〜❹と同様に、「面積基準」を設定します。

※比率で按分するため、合計が100%になる必要はありません。

●「面積基準」の設定例

■ 配賦先の設定

上記で設定した配賦基準で振り分ける勘定科目を設定するには、次のように操作します。

❶ クイックナビゲータの「分析・予算」メニューをクリックし、[配賦先設定]アイコンをクリックします。

❷ 目的の勘定科目の「使用配賦基準」欄で、使用する配賦基準を選択します。

●「配賦設定」画面

なお、ツールバーの[一括設定]ボタンをクリックすると、「配賦基準一括設定」ダイアログボックスが表示されるので、「収益」科目と「費用」科目の配賦基準を一括で設定することができます。配賦基準を一括設定した後で、個別の勘定科目で設定を変更することもできます。ただし、「部門共通費の配賦」は「水道光熱費」や「通信費」など、発生した時点で金額を部門ごとに分けにくい勘定科目に対して、合計額を各部門へ配賦するための機能です。このため、すべての勘定科目で配賦の設定を行うよりも、配賦が必要な勘定科目に絞った方がよいでしょう。

● 予算実績対比表について

　設定した予算に対する実績を確認します。予算実績対比表は「月次・期間」「年間推移」「部門対比」の3種類の帳票で確認することができます。「予算実績対比表（部門対比）」では、設定された配賦基準で按分された結果の部門別予算実績比較を行うことができます。それぞれの画面を表示するアイコンは、クイックナビゲータの「分析・予算」メニュー内にあります。

● 予算実績対比表（月次・期間）

● 予算実績対比表（年間推移）

● 予算実績対比表（部門対比）

各部門に集計された金額と合計額が合わない場合の差額は部門共通費です。部門別損益を正しく計算したい場合は、損益の各勘定科目の部門共通費はすべて配賦設定を行います

部門共通費を設定した配賦率で按分した結果が表示されている
※部門間振替仕訳は自動作成されませんので手入力が必要です

回収予定表・支払予定表について

スタンダード / プロフェッショナル

得意先ごとの回収条件や仕入先ごとの支払条件を登録し、回収予定表や支払予定表を作成することができます。ここでは、回収予定表・支払予定表を作成してみましょう。

● 回収条件や支払条件を設定するには

回収条件を設定するには、次のように操作します。

❶ クイックナビゲータの「資金繰り」メニューをクリックし、[**回収条件設定**]アイコンをクリックします。

❷ 初期値では、「売掛金」勘定に設定されている補助科目を得意先として表示し、末締・翌月末振込として設定されています。勘定科目を変更する場合は、ツールバーの[**対象科目**]ボタンをクリックし、勘定科目を変更して ＯＫ ボタンをクリックします。勘定科目は複数選択することはできません。

❸ 回収条件を修正する場合は、修正したい得意先をダブルクリックするか、クリックしてツールバーの[**編集**]ボタンをクリックします。

❹ 「回収条件設定」ダイアログボックスが表示されるので、必要に応じて修正し、 ＯＫ ボタンをクリックします。[**詳細設定(E)**]をONにすると、より詳細に設定することができます。

なお、支払条件を設定するには、クイックナビゲータの「資金繰り」メニューで[**支払条件設定**]アイコンをクリックし、回収条件の設定と同様に操作します。

● 「回収条件設定」ダイアログボックス

● 回収予定表や支払予定表を作成するには

設定した回収条件をもとに回収予定表を作成するには、次のように操作します。

❶ クイックナビゲータの「資金繰り」メニューをクリックし、[**回収予定表**]アイコンをクリックします。

❷ 集計 ボタンをクリックし、[**月度(O)**]を選択すると、入力されている仕訳データと、設定した回収条件を計算して、回収予定日や回収予定金額が表示されます。

なお、支払予定表を作成するには、クイックナビゲータの「資金繰り」メニューで[**支払予定表**]アイコンをクリックし、回収予定表と同様に操作します。

● 「回収予定表」画面

資金繰りシミュレーターについて

スタンダード
プロフェッショナル

資金繰りシミュレーターを利用すると、仕訳データ・借入金返済予定・回収予定表・支払予定表のデータに加え、登録した入出金予定のデータを集計し、設定した「本日の日付」から2カ月間の資金残高をシミュレーションすることができます。

● 入出金予定を登録するには

入出金予定を登録するには、次のように操作します。

❶ クイックナビゲータの「資金繰り」メニューをクリックし、[入出金予定]アイコンをクリックします。

❷ ツールバーの[新規作成]ボタンをクリックします。

❸ 「入出金予定の新規登録」ダイアログボックスで、定期的な入出金の取引を入力し、[登録]ボタンをクリックします。

●「入出金予定の新規登録」ダイアログボックス

● 資金繰りシミュレーションを行うには

資金繰りシミュレーションを行うには、次のように操作します。

❶ クイックナビゲータの「資金繰り」メニューをクリックし、[資金繰りシミュレーター]アイコンをクリックします。

❷ [今日の日付(D)]を設定し、[集計]ボタンをクリックします。設定した日付以降2カ月間の入出金の予定と資金残高が表示されます。「今日の日付」は、過去の日付でも会計期間内であれば設定することができます。

なお、ツールバーの[警告設定]ボタンをクリックし、資金残高の警告を表示したい金額を設定しておくと、資金推移欄に警告金額ラインを表示し、資金が不足する時点の取引予定日付に警告マークを表示することができます。

●「資金繰りシミュレーター」画面(「残高推移」タブ)

また、「資金繰りシミュレーター」画面の「参考情報」タブでは、指定した日付の現金・預金残高と、「回収予定表」と「支払予定表」の指定日以降3カ月分のデータが表示されます。

● 「資金繰りシミュレーター」画面（「参考情報」タブ）

※資金繰りシミュレーターでは、手形決済の情報は反映されません。また、入出金予定に登録されていない入出金予定も考慮しません。

資金繰り表について

スタンダード
プロフェッショナル

　「損益計算書」では、「収益」と「費用」の差額から、「利益」を計算します。損益計算書上で「利益」が出ていたとしても、支払日までに実際動かせるお金がないと、資金が行き詰まってしまいます。「資金繰り表」では、「収益」と「費用」ではなく、「収入」と「支出」で資金を管理していきます。

● 弥生会計の資金繰り機能について

　弥生会計の資金繰り機能では、次の3つの資料を作成することができます。

- 見積資金繰り表

　「回収予定表」「支払予定表」「手形管理」「預貯金管理」「借入金管理」の各機能で設定した情報を集計します。

- 実績資金繰り表

　「資金繰り項目設定」（次ページ参照）で設定された集計条件で、入力した仕訳を指定した月度で集計します。

- 見積実績対比表

　「見積資金繰り表」データと「実績資金繰り表」データを指定した月度で並べて表示し、比較した集計表です。

　なお、見積資金繰り表と資金繰りシミュレーターの違いは、集計される情報が違う点と、見積資金繰り表では項目を手入力したり、集計された後に金額を修正することができる点です。

付録1 ● 知って得する知識と機能　　311

● 見積資金繰り表と資金繰りシミュレーターの違い

	単位	集計項目	手入力
見積資金繰り表	会計期間の月単位（1年間）	回収予定表 支払予定表 見積資金繰り表 預貯金管理 借入金管理 現預金残高	可
資金繰りシミュレーター	指定日から日毎（2カ月間）	借入金返済予定 回収予定表 支払予定表 入出金予定表	不可

● 見積資金繰り表を作成するには

見積資金繰り表では、「回収予定表」「支払予定表」「手形管理」「預貯金管理」「借入金管理」の各機能で設定した情報を集計し、データを取り込みます。前述の5項目が関わるデータ以外は、手入力して資金繰りの推移を予測します。

見積資金繰り表を作成するには、次のように操作します。

❶ クイックナビゲータの「資金繰り」メニューをクリックし、[見積資金繰り表]アイコンをクリックします。

❷ ツールバーの[データ取込]ボタンをクリックし、取り込み月度を選択して、[OK]ボタンをクリックします。

なお、表示された金額は直接修正することができますが、修正した場合は翌月以降の月初資金に反映されません。翌月以降の月初資金を手入力して修正する必要があります。

● 見積資金繰り表

● 資金繰り項目設定を確認するには

実績資金繰り表では、入力されている仕訳データから、資金繰りの実績を集計します。帳票を作成する前に、資金繰り項目を確認しておくとよいでしょう。

「資金繰り項目設定」を確認するには、次のように操作します。

❶ クイックナビゲータの「資金繰り」メニューをクリックし、[資金繰り設定]アイコンをクリックします。

❷ 設定を確認し、必要であれば変更してください。特に、新しい勘定科目を追加した場合は確認しておくとよいでしょう。

● 「資金繰り項目設定」画面

● 実績資金繰り表を作成するには

実績資金繰り表を作成するには、次のように操作します。

❶ クイックナビゲータの「資金繰り」メニューをクリックし、[実績資金繰り表]アイコンをクリックします。

❷ ツールバーの[集計]ボタンをクリックします。入力された仕訳データから、実績値が集計されます。

●実績資金繰り表

資金繰り項目	4月度	5月度	6月度	7月度	8月度	9月度	10月度
[経常収入]							
現金売上	2,952,629	3,111,196	3,621,918	3,350,444	3,623,791	3,640,449	3,321,745
売掛金回収	9,451,279	20,578,538	14,147,404	14,967,979	23,399,854	20,039,679	21,566,249
受取手形期日取立	0	0	0	0	0	0	0
(受取手形受入高)	0	0	0	0	0	0	0
受取手形割引	0	0	0	0	0	0	0
前受金入金	0	0	0	0	0	0	0
金融収益	0	640	0	0	1,865	0	0
その他経常収入	0	0	0	0	0	0	0
<経常収入合計>	12,403,908	23,690,374	17,769,322	18,318,423	27,025,510	23,680,128	24,887,994
[経常支出]							
現金仕入	0	0	0	0	0	0	0
買掛金支払	7,100,191	14,564,060	8,783,632	11,156,113	21,231,800	9,852,251	9,702,891
支払手形決済	0	0	0	0	0	0	0

● 見積実績対比表を作成するには

見積実績対比表は、「見積資金繰り表」と「実績資金繰り表」を対比させた集計資料です。見積実績対比表を作成するには、次のように操作します。

❶ クイックナビゲータの「資金繰り」メニューをクリックし、[見積実績対比表]アイコンをクリックします。

❷ [集計]ボタンをクリックし、[期間(O)]を選択します。

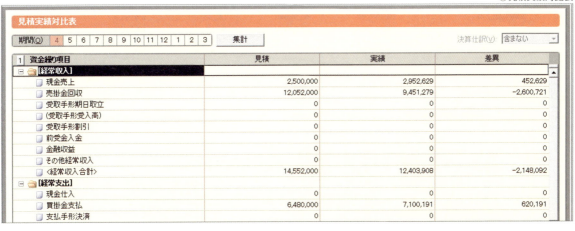

●見積実績対比表

● 資金繰り表がうまく集計できない場合の対処法

実績資金繰り表では、「資金繰り設定」で「資金科目」に設定してある科目の相手方勘定科目の数字を集計します。「借方」と「貸方」が1対1にならない複合仕訳を入力していると、正しい項目で表示されず、「その他経常支出」欄や「その他経常収入」欄に金額が集計される場合があります。仕訳の入力方法と、「資金繰り設定」をもう一度確認してみましょう。

経営分析について

「弥生会計 17 プロフェッショナル」「弥生会計 17 ネットワーク」で作成できる経営分析帳票は、「5期比較財務諸表」「損益分岐点分析」「比率分析」「ABC分析」の4つです。それぞれ、クイックナビゲータの「分析・予算」メニューにアイコンがあります。

● 5期比較財務諸表について

「貸借対照表」「損益計算書」などの財務諸表5年分を一覧にした帳票です。クイックナビゲータの「分析・予算」メニューをクリックし、[5期比較財務諸表]アイコンをクリックして表示します。毎年、繰越処理を行うごとに、前年分データを自動で設定していきますが、前年度データがない場合、過去データを手入力することができます。手入力する場合は、ツールバーの[名称設定]ボタンをクリックして、年度の名称を設定し、各項目を手入力します。

ツールバーの[構成]ボタンをクリックすると、各財務諸表の構成グラフが表示されます。グラフ表示は「比率」「金額」から選択します。

推移を確認したい科目をクリックして、ツールバーの[推移]ボタンをクリックすると、残高推移を表示することができます。グラフ表示は「棒グラフ」「折れ線グラフ」から選択することができます。

● 5期比較財務諸表

※ここでは、平成25年度に弥生会計を導入し、5年目となった状態の「5期比較財務諸表」のイメージを表示しています。

● 構成グラフ(貸借対照表)　　　　　● 推移グラフ(損益計算書)

● 損益分岐点分析を行うには

　損益分岐点分析とは、目標とする利益を獲得するためにはどれくらいの売上が必要なのか、など短期利益計画のための分析を行う集計資料の1つです。「売上高」－「変動費」－「固定費」＝0になる売上高を「損益分岐点売上高」といい、利益も損失も出ない、会社にとっての採算点を表します。
　「損益分岐点売上高」＝固定費÷限界利益率（売上高に対する限界利益の比率）で計算されます。

※「限界利益」とは、「売上高」－「変動費」で計算され、とりあえず必要となる変動費をまかなうことができる利益を表します。限界利益を割り込むということは、売っても売っても赤字になる状態を示し、事業自体の見直しを急がないといけない状態と言えます。

　たとえば、現在の状態で、利益が10,000,000円になるためにはいくらの売上高が必要か、損益分岐点分析を行うには、次のように操作します。

必要に応じて修正する

❶ クイックナビゲータの「分析・予算」メニューをクリックし、[損益分岐点分析]アイコンをクリックします。

❷ 「損益分岐点分析」画面のツールバーの[分析設定]ボタンをクリックします。

❸ 各勘定科目の「区分」と固定費、変動費比率の設定を確認します。勘定科目を追加している場合は設定がされていません。この設定が損益分岐点分析のポイントです。できるだけ正しく設定しましょう。設定が終わったら[閉じる]ボタンをクリックします。

❹ [期間(O)]で期間を設定し、[集計]ボタンをクリックします。

❺ ツールバーの[試算]ボタンをクリックします。

❻ 「試算」ダイアログボックスの「利益」欄に「10,000,000」と入力し、[OK]ボタンをクリックします。シミュレーション結果は「試算」欄に表示されます。

「10,000,000」と入力する

10,000,000円の利益を計上するために必要となる「売上高」が試算される

付録1 ● 知って得する知識と機能　315

● 比率分析を行うには

　会社の成績表とも言える貸借対照表や損益計算書などの財務諸表は、得意先、株主、債権者、国や地方自治体、銀行など色々な立場の人に開示されており、その会社が今どういう状態なのかを判断する材料となります。判断をする場合、同業他社との比較や、過去との比較などがありますが、たとえば、「売上高」を比較する際に、会社の規模が違ったら、単純に金額だけを比較してもあまり意味がありません。そこで、「資本に対する売上高」など、比率で比較する比率分析の手法を用いると、規模の違う会社でも、比較することができるのです。

　比率分析の計算式は、あらかじめ弥生会計に設定されています。比率分析の計算式一覧はマニュアルや「比率分析」の「ヘルプ」画面を参照してください。

　比率分析を行うには、次のように操作します。

❶ クイックナビゲータの「分析・予算」メニューをクリックし、[比率分析]アイコンをクリックします。

❷ ツールバーの[分析設定]ボタンをクリックし、各タブの設定を行います。「分析項目」タブでは、各項目に集計する勘定科目を結び付ける設定を行います。「対比データ」タブでは、実績と対するデータを選択します。「集計基準」タブでは、貸借対照表科目の集計基準と人件費集計のための人員数を入力します。設定が終わったら、　OK　ボタンをクリックします。

❸ [期間(O)]を設定し、　集計　ボタンをクリックすると、集計結果が表示されます。

●「比率分析」画面

分析項目		前年度データ	実績値	
[収益性指標]				
総資本営業利益率	％	5.71	3.88	↘
総資本経常利益率	％	5.74	3.82	↘
自己資本経常利益率	％	10.55	11.01	↗
自己資本当期純利益率	％	7.52	11.01	↗
売上高売上総利益率	％	25.34	27.29	↗
売上高営業利益率	％	4.97	1.45	↘
売上高経常利益率	％	5.00	1.43	↘
売上高当期純利益率	％	3.57	1.43	↘
総資本売上回転率	回	1.15	2.67	↗
総資本売上総利益回転率	回	0.29	0.73	↗
資本回収率	％	4.53	5.00	↗
[生産性指標]				
平均人員数	人	0.00	0.00	－
一人当りの売上高	円	0	0	－
一人当りの経常利益金額	円	0	0	－
一人当りの当期純利益金額	円	0	0	－
付加価値労働生産性	円	0	0	－

● ABC分析を行うには

　ABC分析とは、経営管理手法の1つで、取引先や商品をABCの3つにランク分けをして分析します。たとえば、「売掛金」勘定科目に設定された補助科目(得意先)ごとに「売上高」を集計してランク付けをしたり、「買掛金」勘定に設定された補助科目(仕入先)ごとに「仕入高」をランク付けして、今後の営業活動に活かすための資料として確認することができます。

　弥生会計では、「得意先別売上高」と「仕入先別仕入高」が初期設定されています。追加項目を設定する場合は、分析したい勘定科目に補助科目を設定しておく必要があります。

　ABC分析を行うには、次のように操作します。

❶ クイックナビゲータの「分析・予算」メニューをクリックし、[ABC分析]アイコンをクリックします。

❷ [分析項目(M)]を選択し、[期間(O)]を設定して、　集計　ボタンをクリックします。

❸ ツールバーの[グラフ]ボタンをクリックすると、ABC分析グラフが表示されます。

　なお、分析項目に集計される勘定科目の設定を変更する場合は、ツールバーの[分析設定]ボタンから操作します。

●「ABC分析」画面

●ABC分析のグラフ

税理士からのコメント
経営分析は身近な健康診断指標

　皆さんは毎年健康診断をしますよね？　そのときにさまざまな分析とその数値が結果として出てきます。コレステロールとか尿タンパクとか肝機能とか・・・。皆さんはご自分の体だから数値をとても気にします。そして、その結果を見て生活習慣や食生活を改め、日々の生活をより健康に過ごそうとします。でも、ご自分の会社の健康診断にはあまり関心のない方が意外に多かったりもします。

　会社の健康診断にもっともっと興味を持ちましょう。会社の健康診断、それは「弥生会計 17 プロフェッショナル」「弥生会計 17 ネットワーク」にある機能「経営分析」が該当します。今の会社の健康状態がどうなのか、動脈硬化を起こしていないか？（キャッシュ・フローが健全か？）、肥満体質ではないか？（資産が水ぶくれを起こしていないか？）など、身近な問題として捉えることができるのです。

　ご自分の体のように、ご自分の会社の健康状態にも、もっと気を配りたいものです。会社の健康診断は弥生会計でもできますし、また税理士に依頼すれば、より専門的に検査をしてくれますよ。そして、その指標を元に、より健全な経営体質になるように改善を図っていきましょう。

給与明細書について

スタンダード
プロフェッショナル

　弥生会計の給与明細書作成機能では、簡易給与計算を行うことができます。給与計算、賞与計算を入力し、給与の仕訳を自動作成します。なお、給与明細書作成機能には制限も多いため、給与規則や規定による細かい管理をしたい場合や機能が不足する場合は同じ弥生シリーズの「弥生給与」の導入をお勧めします。

● 給与明細書作成機能の制限事項

　弥生会計での給与計算には、次のような制限事項があります。

▶ 登録できる従業員は12名まで
▶ 給与計算に使用できる項目は最大で、勤怠・単価7項目、支給・控除は各10項目まで
▶ 合計項目のみ自動計算で、あとの項目はほぼ手入力で行う
▶ 源泉税を自動計算したり、社保の料率を設定して自動計算することはできない
▶ 作成できる帳票は給与明細書と、給与明細の一覧表のみ
▶ 年末調整や社会保険の算定処理には対応していない

● 給与明細書を作成するには

　簡易給与計算を行い、明細書を印刷するには、次のように操作します。

❶ [拡張機能(X)]→[給与明細書(M)]→[給与明細(M)]を選択します。

❷ 初めて使用するときには「給与データ作成」画面が表示されるので、支給日を設定し、 OK ボタンをクリックします。

❸ ツールバーの[明細項目]ボタンをクリックします。

❹ 「明細項目設定」ダイアログボックスの「勤怠・単価」「支給」「控除」の各タブをクリックして表示し、給与計算に使用する項目を確認して、必要であれば設定を行います。初期設定されている項目以外に追加する場合は、「状況」欄を「使用」にし、名称を入力します。設定が完了したら OK ボタンをクリックします。

給与計算に使用する項目を設定する

❺ 従業員の設定を行う場合は、ツールバーの[従業員]ボタンをクリックします。

❻ 従業員を追加する場合は、「従業員設定」ダイアログボックスの 追加(A)... ボタンをクリックします。

❼ 「従業員の新規登録」ダイアログボックスで、従業員の「コード」「氏名」を入力し、 登録 ボタンをクリックします。

❽ 閉じる ボタンをクリックします。

❾ 給与明細の数値を入力し、[支給日(D)]を確認して、ツールバーの[印刷]ボタンをクリックします。自動計算されるのは「支給合計」「控除合計」「差引支給額」「現金支給額」の項目のみです。「現金支給額」は、「差引支給額」-「振込支給額(手入力)」で計算されます。

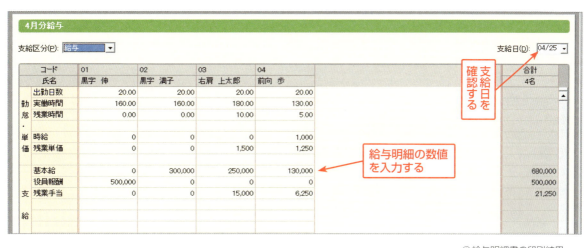

❿ [書式(F)]で印刷の書式を選択し、 OK ボタンをクリックします。

※ 詳細な書式を設定する場合は 書式の設定(S)... ボタンをクリックして設定します。

●給与明細書の印刷結果

● 給与の仕訳を作成するには

給与の仕訳を作成するには、次のように操作します。なお、2回目以降は仕訳の設定を行う必要がないため、操作❶～❷を行う必要はありません。

❶ [拡張機能(X)]→[給与明細書(M)]→[仕訳設定(I)]を選択します。

❷ 設定してある給与の支給項目と控除項目すべてに当てはまる勘定科目を選択し、 OK ボタンをクリックします。すべての項目に勘定科目を結び付けておかないと、仕訳書出の際にエラーメッセージが表示されます。

すべての項目に勘定科目を設定する

付録1 ● 知って得する知識と機能　319

❸ [拡張機能(X)]→[給与明細書(M)]→[給与明細(M)]を選択します。

❹ ツールバーの[仕訳書出]ボタンをクリックします。

❺ 給与仕訳作成の設定を確認し、[OK]ボタンをクリックします。

❻ 「振替伝票」画面が表示されるので、仕訳内容を確認し、必要に応じて摘要を入力して、ツールバーの[登録]ボタンをクリックし、[閉じる]ボタンをクリックします。

❼ ツールバーの[月変更]ボタンをクリックします。ここでは、給与計算が終了したので、次の月の給与計算ができる状態に変更します。

❽ 「処理月変更」ダイアログボックスが表示されるので、[次の月へ(N)]ボタンをクリックします。

❾ 今月の明細データをコピーするかどうかを選択します。コピーする場合は、[はい(Y)]ボタンをクリックします。

キャッシュ・フロー計算書について

ここでは、本当の意味での会社の力「キャッシュを生み出す力」を知ることができる財務諸表「キャッシュ・フロー計算書」の作成方法を紹介します。会社においてキャッシュは「血液」と言い換えることができます。血液の流れ（キャッシュ・フロー）を知ることで今の会社の現状を把握することができます。

※キャッシュ・フロー計算書に関する各操作は、ライセンス認証をしていないと行うことができません。

● キャッシュ・フロー計算書とは

キャッシュ・フロー計算書とは、国際会計基準の導入に伴い、2000年3月より日本でも制度化され、上場企業には開示が義務付けられている財務諸表の1つです。

損益計算書では、「収益」から「費用」を差し引いて「利益」を求めます。しかし、すべて現金で商売している会社でない限り、計算された「利益」に相当するお金があるとは限りません。

キャッシュ・フロー計算書の「キャッシュ」とは、「現金及び現金同等物」のことを指します。具体的には、手許現金の他に、すぐに引き出せる預金と3カ月以内に現金化できる短期投資を含めたものをいいます。このキャッシュが期首にいくらあり、1年間の「収入」と「支出」によりどう流れて（フロー）、期末にどれだけのキャッシュが残せたかを計算した結果がキャッシュ・フロー計算書です。「収入」と「支出」は活動区分別に表示します。

「資金繰り表」も「キャッシュ・フロー計算書」も、「利益」ではなく「現金の収支」により会社の状態を捉えるという点では同じですが、大きな違いは、その作成目的と作成期間です。「資金繰り表」は、会社の内部資料として作成するため、決まったフォームはなく、作成の頻度はその会社独自です。短い期間で資金の流れを予測し、コントロールするために事前に作成するものです。これに対し、「キャッシュ・フロー計算書」は、資金をどう運用し、どう増やしたかの結果を開示する必要があるため、定められた書式で作成します。半期や1年ごとに資金管理の結果として作成されます。

キャッシュ・フロー計算書には、次のような特徴があります。

▶ 会社のキャッシュを生み出す力がわかる
▶ キャッシュの出入りとその出所がわかる
▶ 入出金の差額により、債務の返済や配当の支払能力がわかる
▶ 粉飾決算がしにくい

貸借対照表や損益計算書と合わせて見てみると、会社の状態がとてもよくわかります。

● キャッシュ・フロー計算書の構成

キャッシュ・フロー計算書は「営業活動によるキャッシュ・フロー」「投資活動によるキャッシュ・フロー」「財務活動によるキャッシュ・フロー」の3つの部から構成されています。それぞれが特別な意味を持ち、この3つのキャッシュ・フローのバランスが大切になります。本来の営業活動によりどれくらいキャッシュを生み出したか、またそれが投資活動や財務活動にどう関わっているかを確認することができます。

■ 営業活動によるキャッシュ・フロー

会社本来の事業の販売や仕入、製造活動などによりキャッシュがどうなったかを確認します。一般的にキャッシュがプラスになっていることは必要不可欠条件です。営業キャッシュ・フローが2期連続マイナスであると、経営が急に悪化してきたりします。早急に対応が必要です。

■ 投資活動によるキャッシュ・フロー

設備投資や投資によりキャッシュがどうなったかを確認します。資金を投資に回せばマイナスになります。

■ 財務活動によるキャッシュ・フロー

借入や社債の発行、増資などによる資本金の増加などによりキャッシュがどうなったかを確認します。プラスになっている場合、借入金や株式の発行で資金を調達していることがわかります。

● キャッシュ・フロー設定を確認するには

キャッシュ・フロー計算書を作成する前に、キャッシュ・フローの設定を確認します。

❶ クイックナビゲータの「資金繰り」メニューをクリックし、[キャッシュ・フロー設定]アイコンをクリックします。

❷「キャッシュフロー科目設定」画面左上の[集計方法(Q)]で集計方法を選択します。新しい勘定科目を追加した場合は集計項目の設定が必要です。集計項目を新規に追加したり修正する場合にはツールバーの[項目設定]をクリックします。

❸ キャッシュ・フローに関する項目を確認し、[閉じる]ボタンをクリックします。なお、集計項目を追加する場合は、[追加(A)...]ボタンをクリックして設定します。

● キャッシュ・フロー計算書の集計方法の違いについて

キャッシュ・フロー計算書の集計方法には、「営業活動によるキャッシュ・フロー」部分の表示方法の違いによる「直接法」と「間接法」があります。どちらで計算しても計算結果は同じになります。

■ 直接法

主要取引ごとに資金の収入と支出額を総額で表示し、キャッシュ・フローを計算する方法です。

■ 間接法

税引前当期純利益からスタートして、キャッシュ・フロー調整項目を加減する方法で、損益計算書で計算される利益とキャッシュ・フローの関係を明確に表します。

● キャッシュ・フロー計算書を作成するには

実際にキャッシュ・フロー計算書を作成するには、次のように操作します。

❶ クイックナビゲータの「資金繰り」もしくは「決算・申告」メニューをクリックし、[**キャッシュ・フロー計算書**]アイコンをクリックします。

❷ [期間(O)]を設定し、 集計 ボタンをクリックします。必要に応じて「調整金額」に調整額を手入力します。なお、設定が正しく行われていない科目がある場合には、メッセージが表示されます。

キャッシュ・フロー項目(間接法)	集計金額	調整金額	金額
Ⅰ 営業活動によるキャッシュ・フロー			
税引前当期純利益(損失)金額	2,573,102	0	2,573,102
減価償却費	788,499	0	788,499
受取利息及び受取配当金	-13,128	0	-13,128
支払利息	50,000	0	50,000
その他非資金損益項目の増加(減少)額	2,080,000	0	2,080,000
売上債権の増加(減少)額	-28,265,359	0	-28,265,359
仕入債務の減少(増加)額	51,868,305	0	51,868,305

● 5期比較キャッシュ・フロー計算書を作成するには

5期比較キャッシュ・フロー計算書を作成する際に、過去年度の会計データがない場合、金額を直接手入力することもできます。また、繰越処理を行うと、前年データ分は自動設定されます。表示される金額は、「キャッシュ・フロー計算書」の調整後の金額で表示されます。

5期比較キャッシュ・フロー計算書を作成するには、次のように操作します。

❶ クイックナビゲータの「資金繰り」メニューをクリックし、[**キャッシュ・フロー 5期比較計算書**]アイコンをクリックします。

❷ ツールバーの[集計]ボタンをクリックします。ここでは、「当期」の左に、1期前のキャッシュ・フローが表示されていますが、年は自動で表示されないので、ツールバーの[名称設定]ボタンをクリックし、過年度の名称を手入力して設定するとよいでしょう。

キャッシュ・フロー項目(間接法)	平成25年度	平成26年度	平成27年度	平成28年度	当期
Ⅰ 営業活動によるキャッシュ・フロー					
税引前当期純利益(損失)金額	4,870,935	5,897,998	5,310,080	3,200,579	2,573,102
減価償却費	1,121,365	73,949	924,830	1,113,312	788,499
受取利息及び受取配当金	-13,000	-15,000	-12,000	-12,000	-13,128
支払利息	86,918	76,980	25,431	83,207	50,000
その他非資金損益項目の増加(減少)額	0	0	0	0	2,080,000
売上債権の増加(減少)額	-4,340,261	-4,660,061	-4,979,861	-5,299,166	-28,265,359
仕入債務の減少(増加)額	30,790,667	30,780,667	30,790,667	30,780,661	51,868,305

1期前のキャッシュ・フロー

キャッシュ・フロー計算書の捉え方

　キャッシュ・フローは人間で言うならば「血液の流れ」を表します。キャッシュは企業活動においてなくてはならない大切なもの。その流れを追うことで、その会社の現状がよくわかります。キャッシュはその会社の「真実」なのです。ごまかしはききません。キャッシュはその会社の「企業力」そのものです。なぜなら、企業活動における源泉がキャッシュなのですから。

　たとえば、企業の利益を考えてみてください。利益の中には少なからず「現金化できていないのに利益として計上されているもの」があります。いわゆる「売掛金」や「在庫商品」の存在です。売掛金や適正な在庫については別にその存在自体が悪いわけではありませんが、現金化できていないことには変わりがありません。現金化されてこそ、その後の企業活動にプラスになるのであり、未回収や在庫品のままでは、その利益は「絵に描いた餅」に過ぎないわけです。

　企業はいくら赤字を出しても、資金が続く限りつぶれません。逆に成長企業であっても、資金繰りに失敗すれば倒産します。よく最近では「キャッシュ・フロー経営」という言葉を耳にしますが、難しいことは1つもありません。昔ながらの「銭儲け」の観点からいろいろ考えていこうという当たり前のことを言っているまでです。

　現金を生み出す力を明確に示す「キャッシュ・フロー計算書」をもっともっと重要視しましょう。実際には「フリー・キャッシュ・フロー」を意識した経営を目指していくとよいでしょう。

　フリー・キャッシュ・フローとは、「営業キャッシュ・フロー ＋ （－投資キャッシュ・フロー）」で計算できます。

　フリー・キャッシュ・フローが多いほど、経営状態のよい企業と判断されます。逆に、フリー・キャッシュ・フローが少ないほど、経営状態の悪い企業と判断されます。

　ただし、好況で多額の設備投資を行っている時は投資キャッシュ・フローがマイナスとなりますので、結果としてフリー・キャッシュ・フローは減りますが、ここに過敏になりすぎて将来の利益を生み出す機会を逸することはかえってマイナスとなります。

　企業の身の丈を無視した過大な投資は論外としても、適切な金額での設備投資は必要です。

外部サービスからの仕訳取込機能について

スタンダード
プロフェッショナル

インターネット経由の銀行取引明細や、弥生給与や弥生販売など連携する外部サービスからデータを取得し、弥生会計で受入可能な仕訳の形式に変換して仕訳を自動作成することができる機能を紹介します。

● 弥生会計に仕訳を取り込むことができる画面

外部サービスから仕訳を取り込むことができる画面として、クイックナビゲータの「取引」メニューに[仕訳日記帳][スマート取引取込][弥生シリーズ仕訳取込]アイコンが用意されています。

■ 仕訳日記帳
弥生会計に取込(インポート)できる形式に設定した仕訳データを取り込むことができます。インポート形式の詳細は、マニュアルをご参照ください(マニュアルは、「ヘルプ(H)」メニューより表示)。

■ スマート取引取込
スキャナーで読み取った領収書等のデータや、インターネット経由で銀行明細やクレジットカード等の取引データを取得し、弥生会計の仕訳に取込む機能です。オンライン版と同じ機能になります。

■ 弥生シリーズ仕訳取込
弥生給与や弥生販売で作成された仕訳データを弥生会計の仕訳データとして取込むことができます。あらかじめ弥生給与や弥生販売側で、弥生会計との連動設定を行い仕訳を出力しておく必要があります。

●「スマート取引取込」を使うための前提条件

「スマート取引取込」を利用するためには、次のような環境・条件が必要です。

▶ インターネットへの接続環境　※弥生会計の動作条件に加え、Internet Explorer10以降が必要です。

▶ ユーザー登録を行い、「あんしん保守サポート」への加入が必要

▶ 弥生IDを取得し、弥生マイポータルに弥生IDでログインする
　※弥生IDとは、ユーザー登録とは別に弥生の「マイページ」や「スマート取引取込」を利用するためのアカウントです。

▶ 連動する外部サービス側の設定が必要
　※「スマート取引取込」は、「MoneyLook」「Zaim」「Moneytree」など、パソコン版やスマートフォンアプリと連動します。連動させたい外部サービスでの事前設定が必要です。
　※スキャンデータの取込を行う場合、スキャナー等の設定が別途必要です。

● ●「スマート取引取込」の操作手順

「スマート取引取込」を利用する場合は、次のように操作します。

❶ 弥生会計のクイックナビゲータの「取引」メニューから、[**スマート取引取込**]アイコンをクリックします。すべての画面を閉じる必要がある旨のメッセージが表示されるので、 はい(Y) ボタンをクリックします。

※弥生IDでログインしないとスマート取引取込機能は使用することができません。ログイン画面の[**弥生IDとは?**]のリンクをクリックして、弥生IDの設定を行ってください。

❷ 弥生IDとパスワードを入力し、ログインします

❸ ようこそ「スマート取引取込」への画面が表示されるので、 今すぐ使ってみる ボタンをクリックします。

❹ スマート取引取込画面が表示されます。スマートナビ画面で スマートナビ ボタンから取込の流れを確認することができます。

※画面例では、MoneyLookとの連携の設定を行っています。

■ 連携済みのサービスから取引データを取り込む場合
　事前に銀行口座の設定や外部サービスとの連携設定を行い、連携済のサービスから取引データを取り込みます。

■ 入出金明細ファイル取込
　金融機関からダウンロードした入出金データを取り込みます。

■ スキャンデータ取込
　レシートや領収書などスキャナーで保存した画像やPDFファイルから取引データを取り込みます。

● 「スマート取引取込」のスキャンデータ取込手順

ここでは領収書のスキャンデータを例に、取込手順を説明します。

❶ [スキャンデータ取込]をクリックします。

❷ レシート、領収書をスキャンしたファイルをドロップするかクリックしてファイルを選択します。

❸ 画面下に取り込んだ領収書が表示され、読み取った内容が正しいかを確認します。

❹ 日付、摘要、合計金額を必要に応じて修正し、[確定して次へ]ボタンをクリックします。

❺ すべて確認が終わったら、画面左上の[▼メニューを表示]をクリックし、[取引一覧]をクリックします。

❻ 連携サービスやスキャンデータ取込等で取り込んだ仕訳の一覧が表示されています。スマート取引取込が判断した勘定科目があっているかを確認します。必要に応じて修正します。

❼ 取り込んだ取引を仕訳データに送信するかどうかを確認し、[内容を確認]ボタンをクリックします。

❽ 仕訳一覧画面が表示されます。修正の必要がある場合は「編集する」をクリックします。確認後 確定する ボタンをクリックします。

付録1 ● 知って得する知識と機能　327

❾ スマート取引取込ファイルが作成されます。いったん保存する場合は 保存(S) ボタンをクリックします。現在ログインしているユーザーの「ダウンロード」フォルダに保存されます。すぐに取り込みを実行する場合は ファイルを開く(O) ボタンをクリックします。

❿ 表示されたファイルをダブルクリックします。
⓫ スマート取引取り込みウィザードが表示されます。必要に応じてバックアップの設定を行い、 OK ボタンをクリックします。
⓬ 取込完了のメッセージが表示されたら OK ボタンをクリックします。

⓭ 仕訳日記帳画面が表示されますので取り込んだ仕訳を確認します。

分散入力機能について

スタンダード
プロフェッショナル

本社と支店など、弥生会計を複数台のパソコンで入力したい場合、「弥生会計 17 ネットワーク」へアップグレードするという方法もありますが、あまりお金をかけずに運用したい場合は、分散入力機能やデータ送受信機能を使って入力作業を分担し、後でデータを統合するという処理を行うこともできます。ただし、この機能は、「電子帳簿保存」（56ページ参照）を設定していると使用することができません。

● 分散入力機能とは

支店や営業所など他のパソコンで仕訳入力を行いたい場合に、本社にある元データから「分散入力用データ」を作成して支店や営業所にデータを送り、そのデータを用いて仕訳入力を行ってもらうことができます。この「分散入力用データ」は、あくまでも入力用にのみ使用するデータで、残高や元データに入力されてある仕訳などは入っていない状態です。このため、試算表を確認するなど、入力以外の機能を使用することはできません。また、繰越処理時には、本社の元データからもう1度、新しい年度の分散入力用データを作成する必要があります。

「分散入力」機能を利用するには、次の条件を満たしている必要があります。

▶ 元データがあるパソコンには「弥生会計 17 プロフェッショナル」か「弥生会計 17 ネットワーク」、仕訳入力のみを行うパソコンには「弥生会計 17 スタンダード」「弥生会計 17 プロフェッショナル」「弥生会計 17 ネットワーク」のいずれかがインストールされている

※弥生会計のライセンスはパソコン1台につき1ライセンスが必要です。

▶ データを弥生会計から直接メールで送信する場合は、Microsoft Outlook 2007以降またはWindows Live メール、Windows メールが通常使用するメールソフトとして設定されている必要がある（ファイルに保存して別のメールソフトやUSBメモリなどのメディアでのやり取りも可能）

● 「分散入力」の運用例

ここでは、部門設定（85ページ参照）を行っており、これまでは本社ですべての取引を入力していた会社が、大阪支店の現預金取引と売掛取引のみ、大阪支店で入力してもらうという事例をもとに、分散入力機能の運用例を説明します。

■ 本社側の操作（1）

本社で分散入力用データを作成し、メールで大阪支店に送ります。

❶ 弥生会計のメニューバーから、[ファイル(F)]→[分散入力用データの作成(U)]を選択します。

❷ 部門とメールアドレス、暗証番号の設定を行い、　OK　ボタンをクリックします。なお、暗証番号を使用しない場合は、[暗証番号を設定する(G)]をOFFにします。暗証番号は数字だけでなく、8文字以内の半角英字が使用できます。

❸ 新規メールに分散入力用データが添付された状態でメールの作成画面が表示されるので、必要であれば本文を入力してメールを送信します。

❹ メールの送信が完了したら、　OK　ボタンをクリックします。

付録1 ● 知って得する知識と機能　　329

■ 大阪支店側の操作

受信したメールに添付されている分散入力用データを弥生会計に取り込み、仕訳を入力して本社にメールで送ります。

❶ 受信したメールの添付ファイルをデスクトップなどのわかりやすい場所に保存します。

❷ ファイルをダブルクリックしてデータを開き、保存場所と事業所データ名を確認して、[取込]ボタンをクリックします。

※弥生会計のメニューバーで[ファイル(F)]→[開く(O)]を選択すると表示される事業所データ選択画面で、「データ種別」を「受信データ」に設定し、同様の画面を表示させることができます。

❸ 本社で分散入力用データを作成する際に暗証番号を設定していた場合には、この後、暗証番号を入力する画面が表示されるので暗証番号を入力し、[OK]ボタンをクリックします。

❹ 「受信データの取り込みは正常に終了しました。」と表示されたら[OK]ボタンをクリックし、「受信取り込みを行った事業所データを開きますか?」と表示されたら[はい(Y)]ボタンをクリックします。

❺ 分散入力用データが表示されるので、仕訳を入力します。なお、分散入力用データでは「取引」「事業所データ」「サポート・サービス」メニューしか表示されず、使用できる機能が限られます。

❻ 入力したデータを本社に送る際は、クイックナビゲータの「取引」メニューの左上の[データ送信]アイコンをクリックするか、[ファイル(F)]→[データ送信(D)]を選択します。なお、メールで送るタイミングは、毎週末など、定期的に送るように決めておくとよいでしょう。

❼ メールアドレスと暗証番号の設定を行い、[OK]ボタンをクリックします。なお、暗証番号を使用しない場合は、[暗証番号を設定する(G)]をOFFにします。暗証番号は数字だけでなく、8文字以内の半角英字が使用できます。

❽ 新規メールに入力データが添付された状態でメールの作成画面が表示されるので、必要であれば本文を入力してメールを送信します。

❾ メールの送信が完了したら、[OK]ボタンをクリックします。

■ 本社側の操作(2)

本社では、大阪支店から送られてきた入力データを取り込み、取り込んだデータが正しいかどうかを確認します。

❶ 受信したメールの添付ファイルをデスクトップなどのわかりやすい場所に保存します。

❷ ファイルをダブルクリックしてデータを開きます。

❸ 「受信データの取り込み」ダイアログボックスの[バックアップ先の指定]の[ファイル名(N)]に現在の事業所データをバックアップするファイル名を入力して、[取込]ボタンをクリックします。なお、バックアップ先の設定を行わないと、先に進むことはできません。

バックアップファイル名を指定する

❹ データの上書きに関するメッセージが表示されるので、内容を確認して、[はい(Y)]ボタンをクリックします。なお、暗証番号を設定していた場合には、この後、暗証番号を入力する画面が表示されるので暗証番号を入力し、[OK]ボタンをクリックします。

❺ 取り込みが完了したら[OK]ボタンをクリックします。

❻ 「仕訳日記帳」画面などで、取り込んだデータを確認します。

付録1 ● 知って得する知識と機能　331

データ送受信機能について

スタンダード
プロフェッショナル

　会計事務所が弥生会計を使用していて、データをすべて渡してチェックしてもらうような場合に、データ送受信機能を使用し、会計事務所とデータをやり取りすることができます。また、本社と支店で事業所データを共有するというような使い方も可能です。この方法の他に、「弥生ドライブ」を利用して他のユーザーとデータを共有できる「データ共有サービス」を利用することができます。ここでは概略を説明していますので、詳細については弥生会計のマニュアルをご参照ください。

● データ送受信機能と分散入力機能との違い

　データ送受信機能は、分散入力機能（329ページ参照）と似ていますが、大きく違う点があります。

　「分散入力用データ」は、仕訳の入力と、自分で入力した仕訳の確認しかできません。また、入力したデータの送信は支店から本社への一方通行です。

　これに対し、データ送受信機能では、双方向で送受信を行い、仕訳データだけでなくすべてのデータを双方でやり取りすることができます。データ送受信機能を使用する前には、科目の追加をどちらで行うか、サーチキーの設定は何を使用するか、データの送受信はいつ行うかなど、あらかじめきちんとしたルールを決めておく必要があります。

　データ送受信機能を利用するには、次の条件を満たしている必要があります。

▶ 双方のパソコンに弥生会計がインストールされている

　　※弥生会計のライセンスはパソコン1台につき1ライセンスが必要です。また、「弥生会計 17 スタンダード」「弥生会計 17 プロフェッショナル（2ユーザー含む）」「弥生会計 17 ネットワーク」のいずれかであれば、どのグレードでもやり取りは可能ですが、バージョンが違う場合はデータ送受信を行えません。

▶ データを弥生会計から直接メールで送信する場合は、Microsoft Outlook 2007以降またはWindows メール、Windows Live メールが通常使用するメールソフトとして設定されている必要がある（ファイルに保存して別のメールソフトやUSBメモリなどのメディアでのやり取りも可能）

● 「データ送受信」の運用例

　ここでは、会社（黒字商事）が会計事務所と顧問契約を結び、会計事務所にデータを送信して確認してもらい、仕訳の修正や追加を行ってもらうという事例をもとに、データ送受信機能の運用例を説明します。

■ 運用ルールの設定

　データの運用に関するルールをあらかじめ設定しておきます。ここでは、次のようなルールで運用することとします。ルールを守って運用しないとデータを誤って上書きしてしまったり、正しいデータがわからなくなってしまうことがあります。特に受信時には細心の注意が必要です。

▶ 黒字商事のデータを親データとし、科目の登録、補助科目の設定、繰越処理は黒字商事で行う

▶ サーチキーは、黒字商事では「サーチキー英字」、会計事務所では「サーチキー数字」を使用する

▶ 会計事務所側で修正した仕訳には「付箋2」の茶色の付箋を付ける

▶ 月曜日の朝に前週分のデータを、黒字商事から会計事務所へ送信する。木曜日までに会計事務所はデータを確認し、追加修正があれば黒字商事へデータを送信する

■ 黒字商事側の操作（1）

黒字商事から、会計事務所へ全データをメールで送信します。

❶ 弥生会計のメニューバーから、[ファイル(F)]→[データ送信(D)]を選択します。

❷ メールアドレスと暗証番号の設定を行い、[OK]ボタンをクリックします。なお、暗証番号を使用しない場合は、[暗証番号を設定する(G)]をOFFにします。暗証番号は数字だけでなく、8文字以内の半角英字が使用できます。

❸ 新規メールに送信データが添付された状態でメールの作成画面が表示されるので、必要であれば本文を入力してメールを送信します。

❹ メールの送信が完了したら、[OK]ボタンをクリックします。

■ 会計事務所側の操作

受信したメールに添付されているデータを弥生会計に取り込み、必要に応じて仕訳の修正・削除を行い、黒字商事にメールで送ります。操作方法は330ページの「大阪支店側の操作」とほぼ同様ですが、送られてきたデータですべての操作を行えるところが異なります。また、黒字商事に送信するデータは「すべてのデータ」ではなく、前回受信したデータと異なっている部分のみを送ります。すべてのデータを送らないように注意が必要です。

331ページの操作❼の画面は、データ送受信機能の場合は右のようになります。なお、差分データを送ると、前回受け取ったデータとの違いは解消されますが、この間に、黒字商事の側で新しい仕訳を追加するなど、データに変更を加えていることもありえます。黒字商事側が親データ（最新データ）であることを忘れないようにしましょう。

ONにする

■ 黒字商事側の操作（2）

331ページの「本社側の操作（2）」と同様にして、送られてきたデータを弥生会計に取り込みます。331ページの操作❸の画面は、データ送受信機能の場合は右のようになります。

この後、あらかじめ定めた運用ルールを元に、繰り返し黒字商事と会計事務所でデータをやり取りしていきます。

● 「弥生ドライブ」とは

弥生ドライブでは、次のことができます。

▶ 弥生ドライブのデスクトップアプリケーションを使って、弥生製品で保存したファイルや写真、書類など、さまざまなファイルをアップロードして管理することができます。

▶ 弥生製品のバックアップファイルのコピーを、弥生製品から弥生ドライブにアップロードして管理できる「データバックアップサービス」を利用できます。

▶ 弥生ドライブに保存しているデータを他のユーザーと共有できる、「データ共有サービス」を利用できます。

▶ 弥生会計プロフェッショナルおよびスタンダードのスタンドアロン製品の事業所データや、やよいの青色申告の事業所データであれば、弥生ドライブに事業所データを保存した上で、そのデータを直接開いて編集することができます。

ダブルクリックする

※データを共有するには、共有相手が弥生IDを取得しており、弥生ドライブを利用できる状態である必要があります。詳細は弥生株式会社のホームページで公開されている弥生ドライブのマニュアルをご確認ください。

なぜユーザー登録とあんしん保守サポートに加入した方が得なのか？

スタンダード
プロフェッショナル

ここでは、ユーザー登録とあんしん保守サポートのメリットについて解説します。

● ユーザー登録について

ユーザー登録が行われていない場合、ライセンス認証完了後や弥生会計の起動時に、ユーザー登録画面が表示されます。ユーザー登録は無料で、登録を行うと下記のようなメリットがあります。

ユーザー登録するメリット

● ユーザー登録画面

▶ **あんしん保守サポートの一部を一定期間利用できる**
　あんしん保守サポート（弥生会計の有料年間サポート）をお試し利用（無料導入サポート）できます。利用できる期間は、最大3カ月です。

▶ **弥生カスタマーセンターよりメール配信**
　法令改正への対応や製品に関する重要なお知らせがメールで配信されます

● ユーザー登録の方法

ユーザー登録の方法は3種類あります。まず、弥生会計のDVD-ROMが入っている袋に記載されている「製品シリアルNo」を確認してください。

▶ **インターネットで登録**
　弥生会計の画面から、もしくは弥生株式会社のホームページから登録を行います。

▶ **電話で登録**
　弥生カスタマーセンターへ電話して登録します。受付は、弥生株式会社の指定休日（土日祝、年末など）を除く平日の9:30～17:30（12:00～13:00を除く）です。
　 03-5207-8841（東京） / 06-6613-7100（大阪）

▶ **FAXで登録**
　弥生会計の製品の箱の中にユーザー登録用紙が入っています。必要事項を記入の上、FAXで送信します。

● 会社で使うならあんしん保守サポートは必須!

　無料導入サポートの期間が終了した後もサポートを継続する場合は、有償の「あんしん保守サポート」に申し込みましょう。「あんしん保守サポート」は、導入から日々の運用までの基本的なサービスを受けられる「ベーシックプラン」と、「ベーシックプラン」のサービスをさらに充実させた「トータルプラン」、「ベーシックプラン」から一部のサポートを除いて加入料金を抑えた「セルフプラン」が用意されています。今後予定されている消費税の料率改正等の法令改正に対応して、最新のプログラムが提供されます。ユーザー登録とともに加入しておくことをお勧めします。あんしん保守サポートに未加入のまま、バージョンが古くなってしまった場合、7世代前までならデータを変換して継続利用が可能ですが、プログラムは新規にご購入いただく必要があり、バージョンアップ優待価格はありません。

■ 「ベーシックプラン」のサービス内容　　※「やよいの青色申告」では、サポート内容が異なります。

サービスの種類	内　容
プログラム保守	バージョンアップ製品無償提供
	法令改正対応
	郵便番号辞書更新
	製品アップグレード割引
操作サポート	電話・メールサポート
	画面共有サポート
	サポート対応時間延長（電話・メール）
データ保守	破損データ復元サービス
	パスワード再設定サービス
情報提供・サプライ用品割引	法令改正案内サービス
	情報誌「弥報（やっほー）」
	サプライ用品割引
クラウドサービス	スマート取引取込
	データバックアップサービス
	データ共有サービス
業務相談	仕訳相談
	経理業務相談
	確定申告相談（個人）
	マイナンバー相談
	労務相談
	消費税改正業務相談
情報システム支援	PC周辺アップグレードサービス
	ハードディスクデータ復旧サービス
人事・総務支援	福利厚生サービス
	法令・ビジネス文書ダウンロード
	セミナー動画視聴

■ 「トータルプラン」のみのサービス内容

サービスの種類	内　容
プログラム保守	プログラムディスク提供（トータルプラン以外はオンラインアップデートによる提供）
	破損／紛失ディスク・マニュアル再発行
操作サポート	訪問指導（弥生塾）無料
情報システム支援	PC・ネットワークサポート・周辺ソフトウエアサポート
その他	トータルプラン専用フリーダイヤル

■ 「セルフプラン」のサービス内容

　「ベーシックプラン」から操作サポート、業務相談、情報誌「弥報（やっほー）」を除いたプランです。

※サービス内容や、やよいの青色申告のサポート内容の詳細については、弥生株式会社のホームページ（http://www.yayoi-kk.co.jp/yss/）をご参照ください。

付録1 ● 知って得する知識と機能　　335

付録2　練習問題

弥生会計の練習問題

ここでは、弥生会計を使った会計作業に慣れるための、練習問題を用意しました。この練習問題をもとに、弥生会計の導入設定を行い、1カ月分の取引を入力してみましょう。すべての入力が終わったら、347ページの要領で解説・解答をダウンロードして、合っているか確認してみましょう。

① 事業所データの作成の練習

まず事業所データを作成しましょう。自社に該当するデータを作ります（特に指定がないところは初期値のままで可）。

消費税の設定は今回、右の表のように設定します。しかし、この他の設定で消費税を設定した場合でも、347ページの要領で入力結果の事業所データをダウンロードして検証することができるので、自社の運用に合わせて設定してみてもよいでしょう。

会社名		オフィスやよい
本店	郵便番号	123-4567
	住所	東京都中央区中央1-1-1
	電話番号	03－1111-2222
代表者	役職	代表取締役
	氏名	弥生　太郎
資本金（法人のみ）		3,000,000円
会計期間		平成29年1月1日　から　平成29年12月31日（平成29年度）
決算期（法人のみ）		第3期
申告区分（個人のみ）		青色申告
消費税設定		課税（本則）　　税抜経理

② 補助科目の設定の練習

取引銀行の残高や得意先への掛代金などを、補助元帳で補助科目別に確認することができます。作成したデータに補助科目を右の表のように設定しましょう。

勘定科目	補助科目	サーチキー
当座預金	ABC銀行　中央支店 No.1111111	ABC
普通預金	ABC銀行　中央支店 No.1234567	ABC
	ZYX銀行　本店　No.987654	ZYX
得意先（売掛金）	株式会社グローバル	GURO-BAL
	ネットワーク株式会社	NETTO
仕入先（買掛金）	情報商事株式会社	JYOUHOU
	有限会社リスク	RISK
預り金	源泉所得税	GENSEN
	住民税	JYUUMIN
	社会保険料	SHAKAI
	雇用保険料	KOYOU

③ 開始残高の設定の練習

現金・預金		仕入債務	
現金	50,000	買掛金〔補助あり〕	324,000
当座預金〔補助あり〕	1,000,000	情報商事(株)	216,000
ABC銀行	1,000,000	(有)リスク	108,000
普通預金〔補助あり〕	2,500,000	他流動負債	
ABC銀行	2,000,000	短期借入金	3,000,000
ZYX銀行	500,000	預り金〔補助あり〕	31,850
売上債権		源泉所得税	9,500
売掛金〔補助あり〕	432,000	住民税	9,350
(株)グローバル	162,000	社会保険料	0
ネットワーク(株)	270,000	雇用保険料	13,000
棚卸資産		資本(純資産)	
商品	2,000,000	資本金	3,000,000
有形固定資産		繰越利益(自動計算)	7,626,150
建物	5,000,000		
車両運搬具	2,500,000		
工具器具備品	500,000		
資産合計（借方合計）	13,982,000	負債・資本合計（貸方合計）	13,982,000

開始残高を設定します。左の表のように残高を登録しましょう。

ここでは、期首導入であることとして入力してみましょう。

> 個人事業主の場合、ここを「元入金」に置き換える（自動計算）

④ 取引の入力準備の練習

導入作業が終わったら、入力する資料の準備を行います。

4-1 弥生会計への入力順の練習

弥生会計へ取引を入力する際、基本的なパターンとして「現金出納帳」「預金出納帳」「売掛帳」「買掛帳」など「帳簿」の画面から入力する方法と、「伝票」の画面から入力する方法がありますが、入力しやすい画面を利用して作業を行ってください。

入力が終わったら、結果を各帳簿で確認していきます。2つ以上の画面から入力できる取引は、右の表のように運用上のルールを作成し、入力の優先順位を定めておくことが大切です。なお、転記は弥生会計が自動で行うので、優先順位を定めておかないと同じ取引を2重に登録してしまうこともありえるので（これを「二重仕訳」または「二重転記」という）注意が必要です。

● 優先順位の例

	伝票入力の場合	帳簿入力の場合
現金に関する取引	入出金伝票	現金出納帳
売掛・買掛取引	振替伝票	売掛帳・買掛帳
その他の取引	振替伝票	預金出納帳、他

4-2 資料の準備

前項で弥生会計へ入力する優先順位を定めました。次に仕訳を行う前に伝票や領収書を整理します。会計ソフトは自動で転記を行うので資料を日付順に並べたりすることは必要ないように思えますが、二重仕訳を防ぎ、ファイリングしやすいように、ざっとでも資料の内容を確認し整理しておきましょう。

4-3 仕訳

資料の準備が終わったら、いよいよ実際に資料を見ながら仕訳をしていきます。取引を証明する領収書や請求書などの証憑書類に基づいて正確に伝票入力もしくは帳簿入力を行います。証憑書類がない取引については、ルールを決めてきちんと管理をしましょう。

■ 運用の例

▶ 領収書のない出金（Suicaで支払った電車代など） ➡ 支払証明書や、エクセルなどで明細を作成する

▶ 前払や仮払いのもの（経費、出張仮払など） ➡ 前払（仮払）申請書を発行する

▶ 立替払いの場合 ➡ 出金伝票の摘要に詳細を記入し、領収書等があればコピーを添付する

▶ 証憑書類のない入金 ➡ 入金伝票の摘要に詳細を記入する

▶ 預金の引き出しや預入で取扱明細書のないもの ➡ 該当伝票や帳簿の摘要に詳細を記入する

4-4 ファイリング

　仕訳と伝票の整理が終了したら、ファイリングしていきます。ファイリングには特に決まりはありませんが、取引の証拠となる領収書や請求書等は、きちんと整理して保管しましょう。

■ ファイルの例

▶ 仕訳伝票綴り

▶ 領収書綴り

▶ 仕入注文書・請求書綴り

▶ 売上納品書・請求書綴り

▶ 給与明細書控え（給与台帳）

▶ 手形管理帳

▶ 借入金管理帳

▶ 当座照合表

▶ 現金照合表

⑤ 1月の取引の入力の練習

　ここでは、取引例の証拠となる資料例を掲載しました。次の表の「取引内容」欄と、表の「資料No」欄に該当する資料（340〜346ページ）を見比べながら、仕訳を入力してみましょう。

日付	取引内容	参考資料	資料No
平成29年1月5日	売掛金（グローバル（162,000円）、ネットワーク（270,000円）がZYX銀行普通預金に入金された。	普通預金通帳	❷
平成29年1月5日	ABC銀行より60万円を借り入れた。（ABC銀行普通預金へ入金）	融資計算書、普通預金通帳	❶❹
平成29年1月5日	佐藤印刷より、会社案内パンフと得意先配布用ボールペンの請求書が届いた。（支払は1/末予定）	請求書	❺
平成29年1月5日	情報商事（株）の12月分買掛金（216,000円）をABC銀行普通預金より振り込んだ。	普通預金通帳	❶
平成29年1月7日	藤沢文具店にて、ファイル、筆記用具等の事務用品を現金にて購入した。（1,674円）	領収書	❻
平成29年1月7日	ビックリカメラ本店にてプリンタを1台現金にて購入した。	領収書	❼
平成29年1月7日	社員渡辺が結婚し、結婚祝い5,000円を現金にて支払った。	届出書	❽
平成29年1月7日	情報商事（株）から仕入分の請求書を受け取った。	請求書	❾
平成29年1月8日	手許現金用に普通預金のZYX銀行より10万円引出した。	普通預金通帳	❷

平成29年1月8日	青葉郵便局にて、切手・印紙を現金にて購入した。	領収書	⑩
平成29年1月9日	宅急便代を現金にて支払った。	宅急便控	⑪
平成29年1月9日	社長出張のため、40,000円を仮払いした。	仮払請求書	⑫
平成29年1月10日	駐車場を契約し、敷金(1か月分)と1月分駐車料を現金にて支払った。	領収書	⑬
平成29年1月10日	得意先(株)グローバルに納品し、請求書を作成した。	請求書控	⑭
平成29年1月10日	仕入先(有)リスクより、商品をネットワーク(株)宛に直送した旨の連絡を受け、請求書を受領した。	請求書	⑮
平成29年1月10日	12月分給与の源泉税と住民税を支払った。(現金)	納付書	⑯ ⑰
平成29年1月12日	社長が出張より戻り、仮払していた経費を精算した。差額は現金で戻した。	領収書	⑱ ⑲
平成29年1月15日	(株)グローバルに集金に行き、売掛金を手形にて回収した。	手形	⑳ ㉑
平成29年1月15日	火災保険料を現金にて支払った。	領収書	㉒
平成29年1月15日	12月分電話料金がABC銀行普通預金より引き落とされた。	口座振替領収書、普通預金通帳	㉓ ❶
平成29年1月15日	12月分電気代がABC銀行普通預金より引き落とされた。	口座振替領収書、普通預金通帳	㉔ ❶
平成29年1月19日	プリンタの修理代として、町のパソコン屋さんに現金で支払った。	領収書	㉕
平成29年1月19日	(株)クリーンより玄関マットを購入し、現金で支払った。	領収書	㉖
平成29年1月24日	給与支払用他に普通預金(ABC銀行)から現金100万円を引き出した。	普通預金通帳	❶
平成29年1月24日	得意先接待のため、和風ダイニング田舎での会食代を現金にて支払った。	領収書	㉗
平成29年1月25日	1月分給与支給(12/21～1/20分)現金支給	給与明細一覧	㉘
平成29年1月26日	スタミナ弁当が1月分従業員弁当代の集金に来たため現金で支払った。	出金伝票	㉙
平成29年1月28日	1/15に回収した(株)グローバルの手形のうち、162万円を割いた。(ABC銀行当座預金に入金)受取手形勘定を直接減らす処理をする。	手形割引計算書、当座勘定照合表	㉚ ❸
平成29年1月28日	佐藤印刷の未払分を当座預金ABC銀行より振り込んだ。	当座勘定照合表	❸
平成29年1月31日	社会保険料が普通預金ABC銀行より引き落とされた。	引落通知書、普通預金通帳	㉛ ❶
平成29年1月31日	1月分家賃を現金にて支払った。	領収書	㉜
平成29年1月31日	情報商事(株)に対する買掛金支払のため、小切手を振り出した。	小切手、当座勘定照合表	㉝ ❸
平成29年1月31日	ネットワーク(株)分売上末締処理を行い、請求書を発行した。	請求書控	㉞
平成29年1月31日	パソコンのリース料が普通預金ABC銀行から引き落とされた。	リース契約書、普通預金通帳	㉟ ❶
平成29年1月31日	(有)リスクの12月分買掛金(108,000円)をZYX銀行普通預金より振り込んだ。	普通預金通帳	❷

※「資料No」欄に該当する資料は、次ページ以降にあります。

付録2 ● 練習問題　339

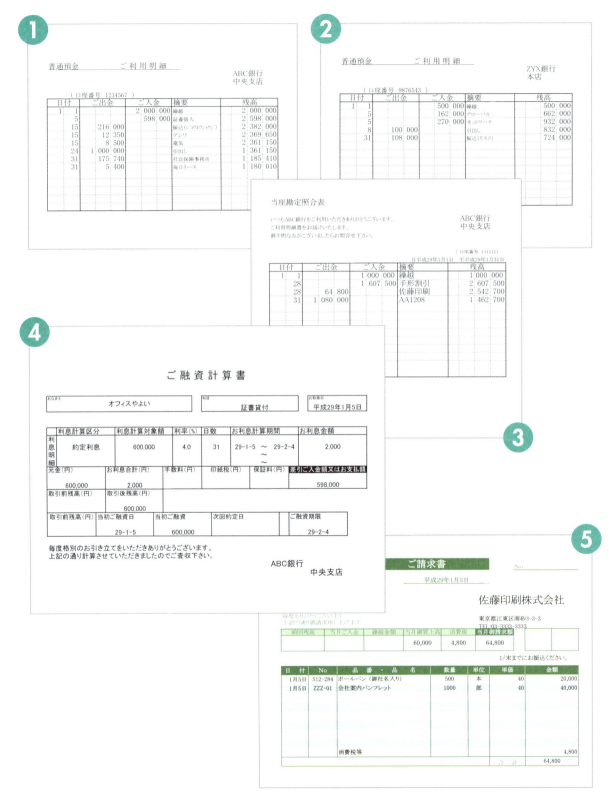

6

領 収 書

オフィスやよい　様　　No＿＿＿＿＿＿

★　　　　¥1,674-

但　ファイル、ボールペン代として
2017 年　1 月　7 日　上記正に領収いたしました。

収 入 印 紙	内　訳		藤沢文具店
	税抜金額	1,550	東京都中央区中央1-35-4
	消費税額(8%)	124	TEL:03-1234-0000

7

領収書

ビックリカメラ本店
03-0000-1111

毎度ありがとうございます。
またのご来店をお待ちしております。

お買上

LTBS-45981577
プリンタ 1点　　　　30,000

小計　　　　　　　30,000

消費税　　　　　　　2,400

合計　　　　　　　32,400

2017/1/7 15:40 担当:白井

8

届 出 書

以下の通り届出いたします。

区別	結婚及び有給休暇申請の届出
事由	1月7日に中央グランドホテルにて挙式予定です。1月8日から10日まで、新婚旅行のため有給休暇を申請いたします。
備考	渡辺裕子（S61.6.6）控除対象配偶者
添付書類	

申請日　　　平成29年1月5日

氏名　　　　渡辺　直也

9

平成29年1月7日
平成29年1月5日締分

ご 請 求 書

オフィスやよい　　様

東京都中央区東銀座3-28-4
情報商事株式会社
TEL:03-5174-****

商品名	単位	数量	単価	金額
ビーグル社製 オフィスデスクセット	個	10	100,000	1,000,000

税抜額	消費税額	合計金額
1,000,000	80,000	1,080,000

10

毎度ありがとうございます
青葉郵便局

2017年1月8日

収入印紙　2枚　¥ 400
切手　　20枚　¥1,600

11

お客様控え　　　　　　　　　平成29年1月9日

ご依頼主	東京都中央区中央1-1-1 オフィスやよい	お届け先	群馬県高崎市高崎3-*-** 高崎検査株式会社

	お問合せNo.		1個
	68-IY-872147		Kg
	引渡予定日	重荷持込	料金　700円
品名等	精密部品	領収書	消費税
			保険料
			合計　700円

毎度ありがとうございます。
ヤマヤ運輸株式会社

付録2 ● 練習問題　　341

⑫

仮払・前払申請書

社長	経理担当者

仮払日	平成29年1月9日
仮払金	¥40,000
精算日予定	平成29年1月12日

提出日	平成29年1月9日
名 前	弥生 太郎

使用目的 ：（具体的に記載の事）
新規取引先へ訪問のため

月 日	内　　容	支払予定先	金額
1月9日	東京-福島 交通費	北関東鉄道他	12,000
1月10日	宿泊代	訪問地近隣ホテル	20,000
	予備費		8,000
		合計	¥40,000

備 考

⑬

領 収 書

オフィスやよい　様　　No._____

★　　　　　¥10,000-

但　駐車場敷金　¥5,000　1月分駐車料　¥5,000

平成 29 年　1 月　10 日　上記正に領収いたしました。

収 入	内 訳	
	税抜金額	
	消費税額(　%)	

長谷川不動産
東京都台東区浅草橋5-＊-＊＊
03-5813-＊＊＊＊

⑭

平成29年 1月 10日

請求書（控）

株式会社 グローバル　　　様

東京都中央区中央1-1-1
オフィスやよい

ZYX銀行 本店
普通預金 №987654

摘要	数量	単価	金額
ビーグル社製 オフィスデスクセット	15	200,000	3,000,000
消費税			240,000
		合計	3,240,000

⑮

平成29年1月10日

請求書

平成29年1月10日締分

オフィスやよい　　　様

神奈川県川崎市高津区溝口1-1-1
有限会社　リスク
TEL：044-888-＊＊＊＊

商品名	単位	数量	単価	金額
ダックス製　パーテーションセット	セット	10	80,000	800,000
D-SP-01				
ネットワーク(株)様直送分				
消費税等				64,000
				864,000

⑯

領収済通知書

国税収納資金 納付書　　　　　　＊＊税務署

	年 月 日 人	支給額　　円	納税額　　円
俸給・給与等	2 8 1 2 25 　3	6 5 0 0 0 0	9 5 0 0
損金処分賞与			
退職手当等			
税理士等の報酬			

納付の目的
年　　日
2 8 1 2

年末調整による不足額 ▲	
年末調整による超過額 ▲	
合計額	9 5 0 0

領収日
H29.1.10

ABC銀行

東京都中央区中央 1-1-1
オフィスやよい

29

出金伝票　　No._____

| 承認印 | | 係印 | |

H29年　1月　26日

コード　支払先　スタミナ弁当　　　　　　　様

勘定科目	摘　　要	金　　額
立替金	従業員弁当代	3 6 0 0
合　　計		¥ 3 6 0 0

28

給与明細一覧表　オフィスやよい
1月度給与

項目名	01 弥生太郎	02 渡辺直也	03 岡部礼子	合計
出勤日数	20.00	20.00	15.00	55.00
実働時間	160	160	75:00	395.00
普通残業時間		15:00		15:00
深夜残業時間		5:00		5:00
弁当申込		8	4	12.00
基本給	350,000	200,000	75,000	625,000
家族手当		10,000		10,000
皆勤手当		10,000		10,000
普通残業手当		24,610		24,610
深夜残業手当		9,844		9,844
非課税通勤費		13,500	4,200	17,700
支給合計	350,000	267,954	79,200	697,154
健康保険料	17,928	11,952		29,880
介護保険料	2,844			2,844
厚生年金保険	32,728	21,818		54,546
雇用保険料		1,071	316	1,387
所得税	8,250	3,860		12,110
住民税	6,820	2,530		9,350
食事代		2,400	1,200	3,600
控除合計	68,570	43,631	1,516	113,717
差引支給合計	281,430	224,323	77,684	583,437

役員報酬(弥生太郎分)	350,000
給料手当	329,454
旅費交通費	17,700
預り金(社会保険料)	87,270
預り金(雇用保険料)	1,387
預り金(源泉所得税)	12,110
預り金(住民税)	9,350
立替金(弁当代)	3,600
現金	583,437

30

割引料・割引手形計算書

お名前　オフィスやよい　　　お取引日　H29.1.28

実行日	手形金額	割引料	取立手数料	印紙代	保証料
H29.1.28	1,620,000	12,500			

番号	お取引	差引きご入金額またはお支払額			
1-1025863	明細設定済　実行	1,607,500			

割引番号	手形金額	手形期日	計算日数	割引利率	割引料	取立手数料
00001	1,620,000	H29.4.15	77	3.50	12,500	
合計	1,620,000				12,500	

毎度格別なるお引き立てをいただきありがとうございます。
上記の通り計算させていただきましたのでお確かめ下さい。　　ABC銀行

31

東京都中央区中央1-1-1
オフィスやよい　御中

保険料納入通知額通知書

あなたの今月分の保険料は下記の通りです。
尚、納入告知書を指定金融機関に送付しましたから
指定振込日までに振替されるようお願い致します。

指定金融機関　ABC銀行　中央支店　普通預金 No.1234567

事業所整理番号	8348*.*	事業所番号	81***
納付目的年月	平成28年12月	納付期限	平成29年1月31日

健康勘定	年金勘定	業務勘定
健康保険料	厚生年金保険料	子ども・子育て拠出金
65,448	109,092	1,200
合計額		175,740

平成29年1月10日
歳入徴収官
東京中央社会保険事務所長

32

領　収　書

オフィスやよい　様　　No._____11

★　　　¥100,000

但　1月分事務所　賃借料として
平成29 年　1 月　31 日　上記正に領収いたしました。

収入印紙	内　訳	
	税抜金額	マリン不動産
	消費税額(8%)	東京都港区芝浦1-2-3
		TEL.:03-0213-****

付録2 ● 練習問題　　345

㉝

番号
AA12345
振出日
平成29年1月31日

金額
1,080,000

渡先
情報商事（株）

摘要
1/10納品分

残高

小 切 手

AA1208
支払地　東京都中央区銀座1-22-***

ABC銀行　中央支店
金額

¥1,080,000*

上記金額をこの小切手と引換
に持参人にお支払い下さい

平成29年1月31日

東京都中央区中央1-1-1
オフィスやよい
代表取締役 弥生 太郎　印

㉞

平成29年 1月31日

請求書（控）

ネットワーク株式会社　　御中　　東京都中央区中央1-1-1
オフィスやよい

ZYX銀行 中央支店
普通預金 №987654

摘要	数量	単価	金額
ダックス製　パーテーションセット	10	200,000	2,000,000
D-SP-01			
消費税等			160,000
		合計	2,160,000

㉟

発行日：　平成29年1月1日

口座振替のお知らせ

オフィスやよい　御中

毎日リース株式会社

東京都世田谷区三軒茶屋1-1-1

毎度ありがとうございます。
ご契約内容は以下の通りになります。

ご契約No.	15814-S-397514
リース物件	デスクトップ　パソコン2台
リース開始日	平成29年1月1日
リース期間	リース開始日より5年間
リース料	毎月5,400円（消費税込）
振替金融機関	ABC銀行　中央支店　普通預金 1234567
引落日	毎月末日

解答例のダウンロード方法

　練習問題の解答は、著者である「株式会社スリーエス ソリューション事業部」のサイト「スリーエスネット」の専用サポートページからダウンロードすることができます。ダウンロードできるデータは、詳しい解説のPDFファイルと、練習問題のデータを入力した後の事業所データです。
　C&R研究所の「はじめて使う 弥生会計17 読者のひろば」のページに、このサイトへのリンクがありますので、次のように操作してください。

❶ ブラウザで次のURLを入力します。

　　`URL` http://www.c-r.com/reader/yayoi17.html

❷ 「練習問題の解答データを入手する」の「詳しくはこちら」ボタンをクリックします。

❸ 「スリーエスネット」のサイトが表示されるので、「はじめて使う 弥生会計17　サポートページはこちら！」をクリックします。

　なお、この練習問題に関するご質問は、「スリーエスネット」のサポートページから、お問い合わせフォームを用いて、メールでご質問ください。

記号・英数字

5期比較キャッシュ・フロー計算書 …………… 322
5期比較財務諸表 ……………………………… 314
ABC分析 ………………………………………… 316
Adobe Reader ………………………………… 225
CSV ……………………………………………… 203
e-Tax …………………………………………… 290
Excel …………………………………… 191,203
OS ………………………………………………… 32
PDFファイル …………………………… 204,224
USBメモリ ……………………………… 172,279

あ 行

青色申告 ……………… 22,98,176,248,266,277
青色申告決算書 ……………………… 266,268
青色申告特別控除 …………………………… 248
あんしん保守サポート ……………………… 334
アンインストール ……………………………… 49
一括償却 ……………………………………… 221
一括償却資産 ………………………………… 221
一括償却資産一覧表 ………………………… 223
一括償却資産償却履歴 ……………………… 223
一括登録 ……………………………………… 149
印刷 …… 134,141,182,187,260,273,275,289
印刷プレビュー ……………………………… 168
インストール ……………………………… 37,40,42
インポート ………………………………… 30,99,204
受取手形 ……………………………………… 298
受取手形の内訳書 …………………………… 300
裏書手形 ……………………………………… 299
売上原価 ……………………………………… 211
売上高 …………………………………… 186,315
売掛帳 …………………………………… 115,128
エクスポート ……………………………… 30,99,203

か 行

買掛帳 …………………………………… 115,128
会計期間 …………………………………… 70,206
会計事務所 ………………………………… 30,332
会計ソフト …………………………………… 18
開始残高 ………………………… 70,89,92,97,278

回収予定表 …………………………………… 309
ガイドパネル ……………………………… 68,76
確定申告書B表 ……………………… 286,294
家事按分 ……………………………………… 226
貸方 ………………………………… 24,27,140
貸し倒れ ……………………………………… 230
かな入力 ……………………………………… 36
株主資本等変動計算書 ……………… 257,258
科目別税区分表 ……………………… 202,231
借入金及び支払利子の内訳書 …………… 305
借入金管理機能 ……………………………… 303
借方 ………………………………… 24,27,140
簡易課税 …………………………… 67,124,234,297
環境設定 …………………………………… 50,101
環境設定ウィザード ………………………… 50
勘定 ……………………………………………… 23
勘定科目 ………… 23,27,53,74,76,82,160,208
勘定科目一覧表 ……………………… 121,203
勘定科目内訳書 ……………………………… 262
勘定科目オプション ……………………… 62,185
勘定科目体系 ………………………………… 76
勘定式 ………………………………………… 261
間接税 ………………………………………… 294
間接法 …………………………… 214,299,322
かんたん取引辞書 …………………… 143,144
かんたん取引入力 …………………… 115,130,146
管理会計 ……………………………………… 17
管理者 ………………………………………… 105
期間 ……………………………… 180,184,186
期首日 …………………………………… 55,206
起動 …………………………………… 45,102
期末日 ………………………………………… 206
キャッシュ・フロー計算書 ……………… 320,322
給与明細 ……………………………………… 318
業種 …………………………………………… 62,76
共用 …………………………………………… 219
金額 …………………………………………… 114
銀行明細 ……………………………………… 324
均等償却 ……………………………………… 221
クイックナビゲータ ……………………… 19,52,68
クラウドアプリ ……………………………… 21
グラフ …………………………………… 189,314

さくいん

繰越残高	89
繰越処理	278,283
クリック	36
繰延	228
経営分析	314
経過勘定	228
経費帳	115
経理事務	277
決算	206
決算準備	206
決算書	206,250,260,266
決算書項目	252,266,270
決算整理仕訳	207,211,213,226,228
決算日	206
月次	184
減価償却	213,225
減価償却資産の耐用年数表	224
現金主義	128,130
現金出納帳	115,118
検索	131,132,161,163,166
原始証憑	175,176
源泉徴収	247
現預金明細表	180
合計残高試算表	29
合計試算表	29
小切手	301
国税	294,296
個人／一般	62
個人／農業	62
個人／不動産	62
個人事業主	97,126,229,248,266
固定資産	213,216,233
固定資産一覧表	222
固定資産計算（登録）表	222
固定資産台帳 兼 減価償却計算表	222
固定資産台帳（履歴）	222

さ 行

サーチキー	53,114
在庫	211
削除	82,106,125
残高	69,208

残高試算表	29,186,209
残高試算表（月次・期間）	184,187
残高試算表（年間推移）	188
残高調整表	192
残高予測	304
サンプルデータ	108
仕入控除税額に関する明細書	241
事業区分	297
事業所設定	66
事業所データ	54,58,76,106
事業専用割合	219
事業主貸	226
事業主借	226
資金繰りシミュレーター	310,312
資金繰り表	311
資産	23
試算表	29,204
辞書機能	143
実績資金繰り表	311,313
自動バックアップ	172
次年度更新	285
支払手形	300
支払予定表	309
支払利息額	305
絞り込み機能	131
資本	23
シミュレーション	310
ジャンプ方式	114
収益	23
集計表	178
修正	82,124,145,186
出金伝票	138
主要簿	110
純資産	23
少額減価償却資産	221
償却額推移表	222
消費税	63,108,123,202,231,295
消費税集計表	202,235
消費税申告書	231,235,237
消費税設定	63,66
消費税振替仕訳	242
ショートカットキー	126

さくいん

初期設定 …………………………………… 44
諸口 …………………………………………… 168
白色申告 …………………………… 22,98,248
仕訳 …………………………… 24,119,324
仕訳アドバイザー ……………………… 160
仕訳辞書 …………………………… 146,148
仕訳日記帳 …………… 115,165,166,324
申告 ………………………………………… 294
スマート取引取込 …………………… 21,324
税金 ………………………………… 207,294
税込経理 …………………………………… 65
税込処理 …………………………………… 245
生産原価報告書 ………………… 77,184
製造原価報告書 ………………… 77,184
税抜経理 …………………………………… 65
税率 ………………… 123,179,296,302
選択 ………………………………………… 114
総勘定元帳 …………… 28,115,167,275
操作ナビ …………………………………… 269
即時償却 …………………………………… 221
租税公課 …………………………… 242,245
損益計算書 …………… 184,186,204,251
損益分岐点分析 ……………………… 315

た 行

体験版 ……………………………………… 41
貸借区分 …………………………………… 79
貸借対照表 …………… 89,184,204,251
耐用年数 …………………………………… 217
ダウンロード …………………… 41,347
棚卸 …………………………………… 211,212
ダブルクリック ………………………… 36
単式簿記 …………………………………… 22
地方税 ……………………………………… 294
帳簿 ………………………………… 110,115
直接税 ……………………………………… 294
直接法 …………………… 214,299,322
定額法 …………………… 217,219,221
定期積立 …………………………………… 301
ディスプレイ ……………………………… 34
定率法 …………………………… 213,221
データ送受信機能 ……………………… 332

データテンプレート ……………………… 76
手形 ………………………………………… 298
テキストデータ ………………… 203,204
摘要 ………………… 124,176,194,198
摘要辞書 …………………………… 154,156
摘要損益計算書 ………………………… 198
デスクトップアプリ ……………………… 21
転記 ………………………………………… 28
電子記録債権 …………………………… 300
電子帳簿保存 …………………………… 30,56
伝票 ………………………………… 110,135
伝票辞書 …………………………… 151,152
顛末 ………………………………………… 299
動作条件 …………………………………… 32
倒産 ………………………………………… 230
導入設定ウィザード ……………………… 69
登録 ………… 144,147,152,155,157,216,299
ドラッグ …………………………………… 36
取引 ………………………………………… 23
取引予定表 ……………………………… 158

な 行

並べ替え …………………………………… 122
日次 ………………………………………… 180
日次残高推移表 ………………………… 181
日計表 ……………………………………… 180
日本語入力 ………………………………… 36
入金伝票 …………………………………… 137
入力 …………………………… 115,119,135
入力環境 …………………………………… 50
任意償却 …………………………………… 221
年度切替 …………………………………… 284

は 行

バージョンアップ ……………………… 335
ハードディスク ………………………… 35
配賦率 ……………………………………… 306
パスワード ……………………… 104,325
バックアップ …………… 172,279,328,333
発生主義 …………………………… 129,131
半角英数字 ………………………………… 36

350

さくいん

非課税取引……………………………… 296
引当金……………………………………… 230
非減価償却資産………………………… 221
日付………………………………………… 113
費用…………………………………… 23,206
比率分析………………………………… 316
フィルタ方式…………………………… 114
不課税取引……………………………… 296
復元………………………………………… 173
複合仕訳………………………………… 135
複式簿記…………………………………… 22
負債…………………………………………… 23
復興特別所得税………………………… 247
不動産損益計算書……………………… 184
付表………………………………………… 241
部門…………………………………………… 85
フリー・キャッシュ・フロー……… 323
振替伝票………………………………… 139
分散入力機能…………………………… 329
報告式…………………………………… 261
法人…………………………………… 252,294
法人事業概況説明書…………………… 263
法人税…………………………………… 294
簿記…………………………………………… 22
簿記の5要素………………………………… 23
補助科目……………… 74,80,108,170
補助元帳………………………… 115,170
補助簿…………………………………… 110
保存期間………………………………… 277
本則課税………………… 67,123,231
本則課税方式…………………………… 297

ま 行

マイナンバー……………… 236,286,292
マウス……………………………………… 36
前受収益………………………………… 228
前払費用………………………… 228,230
未落ち…………………………………… 192
右クリック………………………………… 36
見越………………………………………… 228
未収収益………………………………… 228
見積資金繰り表………………… 311,312

見積実績対比表………………… 311,313
みなし仕入率…………………………… 297
未払費用………………………………… 228
メモリ容量………………………………… 32
免税事業者……………………………… 296
免税取引………………………………… 296
文字サイズ………………………… 102,118
元入金……………………………………… 97
元帳摘要集計表………………………… 194

や 行

弥生オンライン…………………………… 30
弥生インポート形式…………………… 204
弥生会計……………………………… 19,21
弥生会計 17 スタンダード…………… 21
弥生会計 17 ネットワーク…………… 21
弥生会計 17 プロフェッショナル… 21
弥生ID………………………………… 40,324
弥生シリーズ仕訳取込………………… 324
弥生製品登録番号………………………… 46
弥生ドライブ……………… 102,173,333
やよいの青色申告 17…………………… 21
弥生マイポータル………………………… 47
ユーザー管理…………………………… 104
ユーザー登録…………………………… 334
預金出納帳……………… 115,127,128
予算管理………………………………… 305
予算実績対比表………………… 202,308
預貯金管理機能………………………… 301

ら 行

ライセンス認証……………………… 46,49
ランク分け……………………………… 316
領収書…………………… 170,175,248
ローマ字…………………………………… 53

わ 行

割引……………………………………… 299

351

■著者紹介

嶋田　知子　　株式会社スリーエス ソリューション事業部 主任インストラクター。株式会社日立製作所を経て平成13年に同社入社。弥生シリーズをはじめとした業務ソフトウェアの提案・導入・指導・アフターフォローまですべて担当。また会計実務にも精通していることから、会計実務やそのアドバイスも担当をする。また、国税局をはじめとした各種セミナー担当の講師としても活躍。今まで担当してきた企業数は500社を超えるスーパーインストラクターとして企業担当者はもとより経営者からの信頼も厚い。活動エリアは日本全国。

■監修者紹介

前原　東二　　株式会社スリーエス 代表取締役 税理士。個人法人合わせ1000社を超えるクライアントに対し、きめ細かい税務会計相談・申告業務・経営コンサルティングなどの各種サービスを提供している。また、公共団体や企業などでの企業経営セミナー講師やミャンマー、フィリピンでの複式簿記の普及活動を行うなどグローバルに活躍。さらにNPO法人を立ち上げ、若手起業家のサポートを無料で行ったり、国内の中高生に対し奨学金を提供している。

●執筆協力　長谷川　剛　株式会社スリーエス　常務取締役

編集担当：西方洋一　／　カバーデザイン：秋田勘助（オフィス・エドモント）

●特典がいっぱいの Web 読者アンケートのお知らせ

C&R研究所ではWeb読者アンケートを実施しています。アンケートにお答えいただいた方の中から、抽選でステキなプレゼントが当たります。詳しくは次のURLのトップページ左下のWeb読者アンケート専用バナーをクリックし、アンケートページをご覧ください。

C&R研究所のホームページ　http://www.c-r.com/

携帯電話からのご応募は、右のQRコードをご利用ください。

はじめて使う 弥生会計17

2016年12月1日　　初版発行

著　者	嶋田知子
監修者	前原東二
発行者	池田武人
発行所	株式会社　シーアンドアール研究所
	本　　社　新潟県新潟市北区西名目所 4083-6（〒950-3122）
	電話 025-259-4293　　FAX 025-258-2801
印刷所	株式会社　ルナテック

ISBN978-4-86354-206-8 C3055

©Shimada Tomoko,2016　　　　　　　　　　　　　　Printed in Japan

本書の一部または全部を著作権法で定める範囲を越えて、株式会社シーアンドアール研究所に無断で複写、複製、転載、データ化、テープ化することを禁じます。

落丁・乱丁が万が一ございました場合には、お取り替えいたします。弊社東京支社までご連絡ください。